Die erste deutsche Flotte
1848–1853

Herausgegeben von der
Deutschen Marine-Akademie
und dem Deutschen Marine Institut

Schriftenreihe Band 1

DIE ERSTE DEUTSCHE FLOTTE
1848 – 1853

VON
WALTHER HUBATSCH

HANSWILLY BERNARTZ
KLAUS FRIEDLAND
PETER GALPERIN
PAUL HEINSIUS
ARNOLD KLUDAS

mit 61 Abbildungen

E. S. MITTLER & SOHN

HERFORD UND BONN

1981

Schutzumschlagbild: Die Deutsche Flotte auf der Weser um 1850.
Gemälde eines unbekannten Malers im Deutschen Schiffahrtsmuseum, Bremerhaven.

Die erste deutsche Flotte 1848–1853
von
Hubatsch, Walther, Prof. Dr. Dr. h. c.;
Bernartz, Hanswilly, Prof. Dr.;
Friedland, Klaus, Prof. Dr.;
Galperin, Peter;
Heinsius, Paul, Dr.;
Kludas, Arnold
Herausgegeben von der Deutschen Marine-Akademie
und dem Deutschen Marine Institut
Schriftenreihe Band 1
1. Auflage, 1981, 152 Seiten mit 61 Abbildungen
ISBN 3 8132 0124 4

Schutzumschlag- und Einbandgestaltung:
Martin Andersch, Hamburg, unter Verwendung des o. g. Bildes
Produktion: Heinz Kameier
Satz und Druck: F. L. Wagener GmbH & Co. KG, Lemgo
Buchbinderische Verarbeitung: Lüderitz & Bauer-GmbH, Berlin
Printed in Germany

Inhaltsverzeichnis

Textskizzen

S. 53, 55, 60 Skizzen 1 : 1250, aus: Erich Gröner, Die deutschen Kriegsschiffe 1815–1945. Bd. 1. München 1966, S. 101, 141, 194.

S. 58 Skizze von Franz Mrva. o. M., aus: Führer des Dt. Schiffahrtsmuseums Nr. 10. Bremerhaven 1979, S. 55.

S. 110 Sammlung Peter Tamm, Hamburg.

S. 111–112 Deutsches Schiffahrtsmuseum Bremerhaven.

Abbildungen auf Tafeln

Abb. 1 Unsigniertes zeitgenössisches Gemälde im Dt. Schiffahrtsmuseum Bremerhaven.

Abb. 2 Aus: Beilage der Zeitung »Reform«, Altona 1848. Bildgeber: Dr. Heinsius.

Abb. 3 Zeitgenössische Zeichnung von J. Prömmel. (Ullstein-Bilderdienst)

Abb. 4 Zeitgen. Zeichnung im früheren Museum f. Meereskunde, Berlin. (Bildgeber: Hubatsch)

Abb. 5 Heliogravüre nach amtlichen Rissen (1852). Aus: L. Arenhold, Die historische Entwicklung der Schiffstypen vom römischen Kriegsschiff bis zur Gegenwart. Kiel und Leipzig 1891, Tafel 22. (Bildgeber: Hubatsch)

Abb. 6 Heliogravüre von Lüder Arenhold 1890, a.a.O., Tafel 20. (Bildgeber: Hubatsch)

Abb. 7/8 Gemälde von Lüder Arenhold, 1902, Schloß Schönebeck Bremen-Vegesack.

Abb. 9 Zeigenössische Zeichnung. (Bilderdienst Historia-Photo Bad Sachsa).

Abb. 10 Zeichnung von J. Prömmel 1849 im Heimatmuseum Eckernförde.

Abb. 11 Zeitgenössische Zeichnung im Museum Brake.

Abb. 12 Aus: Lüder Arenhold: Die deutsche Reichsflotte 1848–1852 in zwölf Bildern, Berlin 1906 (Or. im Museum f. Meereskunde, früher Berlin). (Bildgeber: Hubatsch)

Abb. 13 Aus: Lüder Arenhold, Reichsflotte, a.a.O. (Bildgeber: Hubatsch)

Abb. 14–19 Konstruktionszeichnungen, im Bundesarchiv, Außenstelle Frankfurt am Main. Schiffszeichnungen im Bestand des Marine-Ministeriums und in DM 62.

Abb. 20–23 Aus: Arenhold, Reichsflotte, a.a.O. (Bildgeber: Hubatsch)

Abb. 24 Gemälde von Hans Petersen (früher Museum f. Meereskunde, Berlin). (Bildgeber: Hubatsch)

Abb. 25 Heliogravüre von L. Arenhold, Entwicklung der Schiffstypen, a.a.O., Tafel 18. (Bildgeber: Hubatsch)

Abb. 26 Leihgabe der Photographie: Kpt. z. S. Dr. Paul Heinsius.

Abb. 27 Lithographie von W. Jöntzen, Bremen 1849. (Morgenstern-Museum)

Abb. 28 Zeitgenössisches Gemälde von J. Prömmel. Bildgeber: Prof. Dr. Klaus Friedland, Kiel. (Verlag Westholsteinische Verlagsanstalt Boyens & Co., Heide/Holstein)

Abb. 29 Lithographie von Arenhold (1904), Zustand 1848. (Bildleihe von »Historia-Photo« Bad Sachsa)

Abb. 30 Aus: Arenhold, Entwicklung der Schiffstypen, a.a.O., Tafel 19. (Leihgeber: Hubatsch)

Abb. 31 Lithographie unbekannter Herkunft im Museum Brake. (Leihgeber: Kpt. z. S. Schuhart)

Abb. 32, 33 Urspr. im Museum f. Meereskunde, früher Berlin. (Bildgeber: Dr. Heinsius)

Abb. 34 Zeitgenössischer Holzschnitt. (Bildleihe: »Historia-Photo« Bad Sachsa)

Abb. 35 Aus dem Nachlaß von Fröhlich, dem Schiffahrtsmuseum Bremerhaven zur Ausstellung 1979 zugeführt.

Abb. 36 Aus: Waffenjournal 5/1979, S. 618.

Abb. 37 Photo, E. de Jong, Bremen. Aus: Schiff und Zeit 12. 1980, S. 17.

Abb. 38–40 Photo u. Bildgeber: Galperin, Bremen.

Abb. 41 Konstruktions-Skizzen. Aus: Bundesarchiv Außenstelle Frankfurt am Main. Bestand DB 51 VII. Marineausschuß Nr. 400. (Bildgeber: Hubatsch)

Abb. 42, 43 Aus: G. Stolz: Die Schlesw. Holst. Marine 1848-52; Heide/Holstein. 1978.

Abb. 44–46 Zeichnungen von Prof. Dr. Bernartz, Köln.

Abb. 47, 48 Nach einem Gemälde im Museum f. Meereskunde, früher Berlin. Photographie im Museum f. Meereskunde, früher Berlin. (Bildgeber: Hubatsch)

Abb. 49 Photographie der 50er Jahre. (Bildgeber: Dr. Paul Heinsius)

Abb. 50 Porträt unbekannter Herkunft. (Bildgeber: Dr. Paul Heinsius)

Abb. 51 Bild im Schiffahrtsmuseum Brake. Aus: Schiff und Zeit 12. 1980, S. 21.

Geleitwort

Die Anfänge der Deutschen Marine vor mehr als 130 Jahren zeichneten sich durch Entschlußfreudigkeit der Politiker, Wagemut der militärischen Stellen und eine breite, nahezu ungeteilte Mitträgerschaft aller Schichten und Stämme des deutschen Volkes aus.
Jahrzehntelang war dieses kein Forschungsthema. Nun haben Historiker und Seeoffiziere einen neuen Ansatz gemacht und legen die Ergebnisse ihrer auf Quellenforschungen, Beobachtungen und Erfahrungen beruhenden gemeinsamen Erörterungen vor.
Damit ist ein neuer Standpunkt gewonnen. Ich wünsche dem durch seine Schrift- und Bildzeugnisse überzeugenden Werk eine aufgeschlossene Leserschaft, die etwas spüren möchte von dem entsagungsvollen Anfang einer Institution, die wiederholt von Grund auf neu beginnen mußte, um im Wandel der Zeiten ihrem gleichbleibenden Auftrag gerecht zu werden. Dieser lag und liegt in der Bedeutung der See als leistungsfähigster Verbindungs- und Transportweg.

F. Ruge

Friedrich Ruge
Vizeadmiral a. D.
Honorarprofessor an der Universität Tübingen
Präsident der Deutschen Marine-Akademie

Zur Einführung

Als im Juli 1979 an den 130jährigen Geburtstag der ersten deutschen Bundesmarine erinnert wurde, da bot sich aus vielerlei Gründen als Ort des feierlichen Begehens, aber auch der nachdenklichen Betrachtung wie keine andere die Stadt Bremerhaven an.

Dort war im Jahre 1975 von dem damaligen Präsidenten der Bundesrepublik Deutschland, Walter Scheel, ein überregionales Deutsches Schiffahrtsmuseum eröffnet worden, geschaffen als Stätte zur Darstellung der Marinegeschichte und kraft seiner Satzung als Zentralstelle für alle künftige schiffahrtsgeschichtliche Forschung. Damit ist an der Nordseeküste fortgesetzt worden, was in der Reichshauptstadt Berlin einst begründet war und von diesem Mittelpunkt aus mit der deutschen Forschung in allen ihren Wissenschaftszweigen eng verknüpft gewesen ist: das Museum für Meereskunde. Es versank am Ende des Zweiten Weltkrieges.

Als im Mai 1977 in Bremerhaven die Marineabteilung des Deutschen Schiffahrtsmuseums der Öffentlichkeit zugänglich gemacht werden konnte, wurde sichtbar, wie eng Schiffahrts- und Marinegeschichte miteinander verknüpft sind. In den großen Fenstern des geräumigen Museumsneubaus, die auf die Außenweser hinausgehen, spiegeln sich die Fluten dieses Stromes, auf dem vor 130 Jahren die erste deutsche Flottenrevue stattgefunden hat. Deutschlands erster Admiral war der 1804 in der Nähe von Leipzig geborene Karl Rudolf Bromme, genannt Brommy. Unter seinem Oberbefehl defilierten am 30. Juni 1849 in der Bremerhavener Flottenparade die Schiffe der Reichsflotte, geschaffen nach den Ideen des Prinzen Adalbert von Preußen, vor dem Großherzog Paul Friedrich August von Oldenburg, in dessen Gefolge sich auch Erzherzog Stephan von Österreich, Palatin von Ungarn und Neffe des Reichsverwesers Erzherzog Johann von Habsburg, befand. Symbolhaft waren die Vertreter der deutschen Großstaaten, der mittleren Küstenstaaten und der Hansestädte hier zu gemeinsamem Werk zusammen. Der damaligen Reichsflotte ist kein langes Leben und kein ruhmreiches Wirken beschieden gewesen. Woran das gelegen hat und wie diese Vorgänge heute zu beurteilen sind, wird in den folgenden Beiträgen dargelegt.

An der 1979 in Bremerhaven veranstalteten Festwoche »130 Jahre Deutsche Flotte« hat sich die deutsche Bundesmarine mit starken Abordnungen und einem größeren Schiffsverband beteiligt. Die Stadt Bremerhaven und das Deutsche Schiffahrtsmuseum eröffneten am 11. Juli die Sonderausstellung mit festlich umrahmten Ansprachen des Oberbürgermeisters der Stadt Bremerhaven, des Senators für Kunst und Wissenschaft in Bremen und des Staatssekretärs im Bundesverteidigungsministerium. Den Festvortrag hielt Kapitän zur See Dr. Heinsius. Museumsdirektor Schlechtriem führte durch die von ihm, unter fachlicher Zuziehung von Kapitänleutnant Dr. Walle, hervorragend gestaltete Ausstellung. Am Freitag, dem 13. Juli, fand ein wissenschaftliches Colloquium im Deutschen Schiffahrtsmuseum statt, das von dem *Deutschen Marine Institut* in Bonn ausgerichtet war und unter der Leitung von Professor Dr. Hubatsch stand. Von der Bundesmarine waren allein 11 Flaggoffiziere anwesend. Einleitend sprach für das *Deutsche Marine Institut* Vizeadmiral a. D. Steinhaus, für die Bundesmarine der jetzige Inspekteur, Vizeadmiral Bethge; es folgen die Colloquiumsvorträge von Professor Dr. Hubatsch–Bonn, Professor Dr. Friedland–Kiel und Kapitän zur See Dr. Heinsius–Hamburg mit anschließender lebhafter Aussprache. Dieses Colloquium stand auf hohem Niveau und brachte manche neuen Erkenntnisse, die in dem vorliegenden Werk bereits verwertet werden konnten.

Die Bemühungen des Unterzeichneten, in jahrelanger Arbeit die Grundlagen für qualitätvolle Sammlungen und damit die Voraussetzung für solide Forschungsarbeit gelegt zu haben, wurden allein schon dadurch reich belohnt, daß an diesem Symposium ein großer Kreis illustrer Persönlichkeiten der historischen Wissenschaften und der Marine teilnahm.

Die unmittelbar darauf ins Leben gerufene Deutsche Marine-Akademie will einer solchen Zielsetzung dienen. Sie zählt zu ihren selbstgestellten Aufgaben unter anderem die Anregung und Unterstützung eigener und fremder Forschung und gleichgeartete Aktivitäten, die der Förderung der Seeinteressen der Bundesrepublik Deutschland im weitesten Sinne nützen können. Ausstellung und Colloquium von 1979 waren nicht nur Tagesereignisse. Die durch die Leitung des Deutschen Schiffahrtsmuseums findig und mühsam zusammengetragenen Exponate, die dazu beigetragen haben, die reale Existenz der ersten deutschen Flotte greifbar zu bezeugen, sind wieder an die Leihgeber zurückgegangen und in alle Winde verstreut. Die Erinnerung an die Marine von 1848 bis 1853, der frühestens wieder in 20 Jahren gedacht werden wird, für die gegenwärtig lebende Generation zu bewahren und zu veranschaulichen, war eine naheliegende Aufgabe, die nur als Gemeinschaftsarbeit bewältigt werden konnte. Wenn es gelang, die vorliegende Schrift zusammenzustellen und herauszugeben, so ist es mir ein besonderes Anliegen, den Verfassern der einzelnen Beiträge sowie denjenigen, die die Veröffentlichung dieses Werkes ermöglicht haben, aufrichtig zu danken.

Hanswilly Bernartz
Prof. Dr. jur.
Vizepräsident und Akademie-Sekretar
der Deutschen Marine-Akademie
und Mitglied des Präsidiums
des Deutschen Marine Instituts

Paul Heinsius

Anfänge der Deutschen Marine

Anfänge einer preußischen Marine gab es bereits 1816, deren Vorläufer sind im Deutschen Orden zu suchen. Zeitweilig existierte auch eine hannöversche Marine. Die Hansestädte bewahrten sich seit dem Mittelalter bis 1866 das Recht zum Zeigen ihrer Flagge auf Kriegschiffen.
Für die Entstehung einer »Deutschen Marine« wurde jedoch die Bewegung des Jahres 1848 entscheidend.
Schon die Freiheitskriege gegen Napoleon waren als Kampf gegen die Kontinentalsperre ein Ringen um Beteiligung am Welthandel. Aber unmittelbar nach der erfolgreichen Erhebung von 1813 hatten deutsche Fürsten auf dem Wiener Kongreß einen bunten Flickenteppich souveräner deutscher Staaten mit innerdeutschen Grenzen errichtet und sich im »Deutschen Bund« zusammengeschlossen. Fremde Könige ließen als dessen Mitglieder im Bundestag zu Frankfurt ihre Interessen vertreten. An Deutschlands wirtschaftlicher und politischer Entwicklung lag ihnen meist kaum etwas. Der Bundestag unterstützte vielmehr das durch Pressezensur, sogenannte »Demagogenverfolgung« und Polizeimaßnahmen verhaßte System seines Gründers, Metternich, und die Macht des russischen Zaren als Garanten der bestehenden Ordnung. Den Kämpfern der Freiheitskriege wurde von den Regierungen das Recht und die Pflicht, an der Politik und den Geschicken ihres Landes teilzunehmen, verwehrt. Dabei war der Deutsche Bund nach außen so machtlos, daß Seeräuber kleinster afrikanischer Küstenstaaten sogar auf der Nordsee deutschen Schiffen auflauerten. Dänen rupften die deutsche Schiffahrt durch den Sundzoll, Britannien schloß sie durch die Navigationsakte von wichtigen Fahrtgebieten aus. Beider Länder Könige gehörten zum »Deutschen Bund«. Die junge, sich vom Kriege erholende Wirtschaft aller deutschen Länder sowie die eben im Entstehen begriffene Industrie benötigten dringend Anschluß an den Weltverkehr. Georg Herwegh, der später das Schlagwort prägte, »Alle Räder stehen still, wenn dein starker Arm es

will!«, rief bereits 1841 durch Verse zum deutschen Flottenbau auf. Die Rufe wurden immer deutlicher. 1845 forderte eine Flugschrift: »Die Wiedergeburt Deutschlands muß eine Frucht des Meeres sein!«
Die Handelsflotte des Deutschen Bundes umfaßte 1848 bereits 6 808 Schiffe. Auf diesen Schiffen fuhren 45 000 Mann ständig zur See. Die wenigstens ebenso große Zahl der Deutschen unter ausländischer Flagge war nicht zu erfassen. Der Schutz der deutschen Schiffahrt wäre somit auch ohne die sich überschlagenden Ereignisse von 1848 eine immer dringlichere Aufgabe geworden. Preußen ernannte 1847 die ersten selbst an Bord ausgebildeten Seeoffiziere. Jedoch kein deutscher Küstenstaat war in der Lage, auch nur ein großes hochseefähiges Kriegsschiff zu bauen oder gar zu unterhalten. Die preußische Schulkorvette diente der Handelsschiffahrt und der Kriegsmarine.
Am 13. März 1848 war im Zuge der liberalen, nationalen und demokratischen Bewegung, die alle Völker Europas erfaßte, das Regime Metternichs in Wien hinweggefegt. Als erste Frucht reifte in ganz Deutschland die Pressefreiheit. Am 31. März traten mit Einverständnis des Bundestages in Frankfurt 500 Männer aus allen deutschen Staaten zusammen, um eine Deutsche Nationalversammlung vorzubereiten. Die Versprechungen der Bundesakte vom 8. Juni 1815 wollte man jetzt in ganz Deutschland einlösen. Der deutschen Einheit stellte sich Dänemark entgegen.
Am 28. Januar 1848 hatte der dänische König seine zum Deutschen Bund gehörenden Herzogtümer Holstein und Lauenburg gemeinsam mit dem von Deutschen bewohnten Schleswig in den dänischen Staat eingegliedert. Proteste der Herzogtümer waren verhallt. In Schleswig-Holstein bildete sich eine provisorische Regierung. Ihr unterstellten sich die im Lande befindlichen, vor allem aus Schleswig-Holsteinern bestehenden Truppen, allerdings meist ohne die dem dänischen König persönlich verpflichteten Offiziere. Zu den Ausnahmen gehörte der Kommandant des dänischen Wachtkutters *Elben* in Altona, Kapitän Donner. Dieser schloß sich mit seiner Besatzung voll Begeisterung der Deutschen Sache an. Schleswig-Holstein gewann damit sein erstes Kriegsschiff und einen später für die deutsche Marine wichtigen Offizier.
Dänische Truppen überschritten die Grenze, besetzten, auf die Flotte gestützt, Alsen und den davor liegenden Brückenkopf Düppel. Sie rückten auf Hadersleben vor. Für den Deutschen Bund war damit der Kriegsfall gegeben.
Die umständliche Versammlung der Regierungsvertreter im Bundestag

zu Frankfurt konnte gar nicht schnell genug handeln, zumal man sich zugleich zur Abwehr einer Invasionstruppe an der französischen Grenze rüsten mußte und etliche Hauptstädte von Unruhen bedroht waren. Aus ganz Deutschland zogen daher Freiwillige nach Schleswig-Holstein. Gemeinsam mit Kieler Turnern besetzten sie bereits am 5. April Flensburg. Der König von Preußen bot seinen Offizieren Urlaub zum vorübergehenden Eintritt in die schleswig-holsteinische Armee an. Außerdem entsandte er wenig später entsprechend seiner Verpflichtung gegenüber dem Deutschen Bund zwei Brigaden zur Verteidigung des nördlichen Bundesgebietes. Preußen trat damit als Staat des Deutschen Bundes in den Krieg mit Dänemark ein. Seit Februar hielt es im Interesse des Bundes außerdem an der Westgrenze zwei Armeekorps mobil. In der Hauptstadt Berlin benötigte es ebenfalls Truppen. Zusätzlich drohte der nationale polnische Aufstand gegen die Zarenherrschaft auf die preußische Provinz Posen herüberzuschlagen. Deutsche Sympathien für die Polen verstimmten den Zaren.

Nach der Niederlage der Schleswig-Holsteiner bei Bau übernahm der preußische General Wrangel am 21. April auf diesem Kriegsschauplatz den Oberbefehl auch über das mit 9 000 Mann heranrückende 10. Bundeskorps. Am 3. Mai hatten die vereinten deutschen Truppen Jütland bis nach Fredericia besetzt. Aber es war ihnen unmöglich, nach Alsen, Fünen oder gar Seeland überzusetzen, um Dänemark zum Frieden zu zwingen. Daran hinderte sie Dänemarks Flotte mit

7 Linienschiffen,
8 Fregatten,
4 großen Dampfkorvetten,
5 Segelkorvetten,
11 kleineren Schiffen und
78 Ruderkanonenbooten.

Mit dieser Flotte beunruhigten die Dänen nicht nur die Seeflanken des deutschen Heeres in Jütland, sondern sie bedrohten zugleich alle Mündungen deutscher Ströme.

Eine fieberhafte Rüstung wurde an allen deutschen Nord- und Ostseeküsten notwendig. An der Wesermündung mußten Schanzen zwischen Bremerhaven und Lehe aufgeworfen werden. Der unmittelbar vor Bremerhaven stehende Montlambertsche Turm hatte bei dem Stand der Geschütztechnik nur noch geringen Kampfwert. Auf dem Oldenburger Ufer wurde die vor fast 40 Jahren von den Franzosen eilig angelegte Ble-

xener Schanze besetzt. Am Elbufer empfahl die Landdrostei Stade der Landbevölkerung, sich mit Sensen und Heugabeln verteidigungsbereit zu machen. Andere Waffen standen nicht zur Verfügung. In Hamburg stellte das »Bürgermilitär« den alleinigen Schutz der Stadt und der hamburgischen Küste bei Neuwerk und Cuxhaven.
Nicht besser sah es an der Ostsee aus. Lübeck mußte den Bundesbehörden erklären, daß sein Kontingent nicht ausreiche, den für Stadt und Bund lebensnotwendigen Seehafen Travemünde im Falle eines Angriffes zu verteidigen. Es müßte dann also kapitulieren. Dem mecklenburgischen Militär kam wenig Bedeutung zu.
Schon Anfang April demonstrierten zur Unterstützung der Dänen russische Kriegsschiffe vor Kolberg und der Odermündung. Hier lag die erste akute Bedrohung vor, während die in der Heimat verbliebenen aktiven Truppen an der posenschen Grenze und in der Reichshauptstadt gebunden waren. Aus Berlin eilte ein Freikorps herbei. Man sagte, daß dessen Angehörige kurz zuvor für ihre demokratischen Rechte auf den Barrikaden gestanden hatten. Zwischen Peenemünde und Grünschwade sowie bei Pölnitz und am Dammasch wurden, wie einst im siebenjährigen Kriege, Schanzen aufgeworfen. Zwischen Stettin und Ziegenort wurde in Eile eine Signallinie mit Wachthütten errichtet. Stettin selbst und Osternothafen mußten von den dortigen Truppen zusätzlich befestigt werden. Dazu kam nun noch ein von den Dänen eröffneter Handelskrieg. Am 12. April erschienen vor Swinemünde zwei dänische Fregatten und eine weitere vor Heringsdorf. Am 19. April wurden die ersten deutschen Handelsschiffe im Sund abgefangen. Am 1. Mai, also fast drei Wochen bevor die Deutsche Nationalversammlung zusammentreten konnte, begann Dänemark die planmäßige Blockade der deutschen Küsten. Allein 26 preußische Handelsschiffe wurden an diesem Tage beschlagnahmt. Für Stettin liegen zufällig genaue Zahlen über die Wirkung der Blockade vor. Im Vorjahre liefen 3 039 Fahrzeuge ein. Im Blockadejahr waren es fast 2 000 weniger. 1847 verließen Stettin 2 640 Fahrzeuge, 1848 waren es infolge der paar Monate Blockade 1 574 Fahrzeuge weniger. In Talern ausgedrückt betrug die Ausfuhr 1848 anstatt 6 750 000 Taler nur 1 500 000 Taler. Ähnlich sah es in allen deutschen Häfen aus. Die Blockade traf die deutsche Wirtschaft auch im Binnenlande zu einem denkbar ungünstigen Zeitpunkt. Die Jahre 1846 und 1847 hatten Mißernten gebracht. Im Schwarzwald wie in Ostpreußen sprach man vom Hungerjahr 47! Dazu kam eine Krise der jungen Industrie in Frankreich und Deutschland. Im

Kohlegebiet Oberschlesiens herrschte Not. In Baden waren im Februar Fabriken zusammengebrochen. In Hessen, im Odenwald und im Schwarzwald war es zu Bauernunruhen gekommen, die sich Anfang März auch in Sachsen-Weimar im sogenannten »Bauernsturm« Luft gemacht hatten. Deutschland hatte keine wirtschaftlichen Reserven und nichts den Dänen auf See entgegenzustellen.

Das hannöversche Kriegsschiff *Piercer* war vor 40 Jahren alt von den Briten gekauft worden und schon nicht mehr in der Lage, seinen Dienst als Zollschiff auf der Elbe zu erfüllen. Keine Hansestadt besaß ein Kriegsschiff. Mecklenburg hatte nie an eigene Seestreitkräfte gedacht. Preußen armierte seine Schulfregatte *Amazone*, den eisernen Postdampfer *Preußischer Adler*, seine zwei Kanonenschaluppen, den Regierungsdampfer *Königin Elisabeth* sowie einen kleineren Dampfer zum Schleppen der Schaluppen. Es sah die Hauptgefahr in seinen völlig offenen, von der russischen Flotte ständig bedrohten Küsten. Der Zar hatte bereits gedroht, »in Berlin Ordnung zu schaffen«. Auch Schweden stellte Truppen bereit und bezog Stellung zugunsten Dänemarks. So erwog man in Preußen zuallererst, schnell eine größere Zahl von Ruderkanonenbooten zur Abwehr von Landungen zu bauen. Der Major von Wangenheim im preußischen Kriegsministerium hielt jedoch den Zeitpunkt für gekommen, jetzt eine preußische Flotte zu gründen, dem stimmten Kriegsminister und Handelsminister zu, nicht aber Prinz Adalbert und der preußische König. Beide vertraten die Ansicht, daß die Gründung einer Marine dem allgemeinen Wunsche entsprechend eine gesamtdeutsche Angelegenheit sein müsse, sie sei auch nur im gesamtdeutschen Interesse einzusetzen.

Durch den Druck der Blockade war nämlich in ganz Deutschland eine von niemandem erwartete Flottenbegeisterung ohnegleichen ausgebrochen. Frauenvereine, Dichter, Musiker, Liederchöre sowie Handwerksmeister und Bauunternehmer stellten sich in den Dienst dieser nationalen Sache. Freisinnige riefen eine »Sechserbewegung« ins Leben, jeder Wähler für die Nationalversammlung sollte sechs Dreier zum Flottenbau spenden. Der in Frankfurt bis zur Wahl mit den Aufgaben der vorläufigen Nationalversammlung beauftragte »Fünfzigerausschuß« ernannte eine »Kommission für Marineangelegenheiten«. Am 11. Mai gab er einen »Aufruf zur Gründung einer deutschen Kriegsflotte« heraus, betonte, daß das ganze Deutschland im gleichen Geiste wirken müsse, und berief zum 31. Mai einen Marinekongreß nach Hamburg ein. Dorthin sollten

Marinevereine und Regierungen Sachverständige aus allen deutschen Küstenstaaten entsenden, um gemeinsam über Fragen der Verteidigung der Schiffahrt und der Küsten zu beraten. Die am 18. Mai zusammengetretene Nationalversammlung bildete als erste politische Maßnahme einen »Marineausschuß« und bewilligte 6 000 000 Taler aus dem noch nicht bestehenden Reichshaushalt für die Gründung einer deutschen Flotte. Bereits vorher, am 8. Mai, einen Tag nachdem die hamburgischen Truppen die »Reichsfarben Schwarz-Rot-Gold« angelegt hatten, begannen die Hamburger Reeder Godeffroy, Ross, Vidal und Slomann mit freiwilligen Spenden, den Segler *Cäsar Godeffroy* zur Fregatte *Deutschland* umzurüsten. Einen zweiten Segler *Franklin* stellte Slomann bereit. Unter der Leitung des Senators Kirchenpauer gab der Marinekongreß der Nationalversammlung einige Empfehlungen. Die Nationalversammlung verstärkte daraufhin ihren Marineausschuß durch Fachleute, die diese Vorschläge prüften. Unter anderem wurde der Vorschlag des Stralsunders Kathen, eine unabhängige »Marinekommission« unter Vorsitz des Prinzen Adalbert von Preußen zur Unterstützung der Regierung in Frankfurt zu bilden, später durchgeführt. Prinz Adalbert war bereits mit einer zugunsten einer deutschen Flotte vertriebenen Denkschrift hervorgetreten. Zwei Generationen später wurde seine bereits darin ausgesprochene Warnung vor zu weitreichenden Plänen leider vergessen. Unter dem Druck der Blockade traten unabhängig vom Marinekongreß die Hamburger Reeder an die Nationalversammlung mit der Bitte heran, drei kleine Dampfer der Huller Dampfschiffahrtsgesellschaft zu kaufen und auszurüsten, um mit ihnen möglichst bald einen Handstreich zur Befreiung der Elbe zu unternehmen. Dem Marineausschuß der Nationalversammlung schien diese Aktion zu übereilt. Noch fehlten Offiziere und Mannschaften zum Bedienen der Waffen. Jedoch der von den Landesregierungen gebildete Bundestag überwies sofort am 8. Juni 300 000 Taler aus dem Festungsbaufonds zum Ankauf der Dampfer. Sie erhielten als deutsche Kriegsschiffe die Namen *Hamburg*, *Lübeck* und *Bremen*. Offiziere, Steuerleute und Maschinenpersonal wurden, obwohl zum Teil Ausländer, mit den Schiffen übernommen. In Frankfurt herrschte in Marinefragen seltene Einmütigkeit. Die Farben Schwarz-Rot-Gold waren bereits am 9. März durch Bundesbeschluß zusammen mit dem schwarzen Doppeladler mit roten Waffen auf goldenem Grund als Bundesfarben und Bundeswappen festgelegt. Am 31. Juli bestimmte die Nationalversammlung auf Betreiben des Marineausschusses diese Farben mit diesem Wappen auch zur Reichs-, Kriegs- und Handelsflagge. In den Entwurf der »Reichsverfassung« wurde der Passus aufgenommen, daß die Marine ausschließlich Sache des Reiches sein solle und daß kein Einzelstaat Kriegsschiffe für eigene Zwecke halten dürfe. Der Bundestag hatte seine Befugnisse am 12. Juli an den von der Nationalversammlung erkorenen »Reichsverweser«, Erzherzog Johann, übergeben, ohne daß aber damit die Verfassung des »Deutschen Bundes« aufgehoben war.

Während dieser Verhandlungen ging der Krieg mit Dänemark weiter. Die Nationalversammlung erhöhte am 15. Juli das bisherige »Bundeskontingent« der Truppen deutscher Einzelstaaten. Aber die Kräfte keiner Armee konnten ausreichen, den Seekrieg um Schleswig-Holstein ohne Flotte zu beenden.

Als mit der Kapitulation Venedigs am 22. August Österreich wieder in den Besitz seiner Flotte kam, war diese nicht einsatzbereit. Der aus dänischen Diensten nach Wien kommende Vizeadmiral Freiherr von Dalerupp mußte sie erst reorganisieren und aus ihr eine deutsche machen. Österreich konnte daher beim Schaffen einer Flotte an den nördlichen Küsten nicht mitwirken. Es erklärte aber, es würde seine Flotte wie früher überall zum Schutze deutscher Seefahrt einsetzen, sowie es dazu in der Lage sei. Es dauerte 16 Jahre, bis es unter Tegetthoff vor Helgoland dieses Versprechen einlösen konnte.

1848 aber zwangen der wirtschaftliche Druck der Blockade, der diplomatische der Großmächte (vor allem Britanniens) und die militärische Drohung Rußlands und Schwedens die Preußen dazu, mit den Dänen in Malmö Waffenstillstandsverhandlungen zu beginnen. Sogar die Frankfurter Zentralregierung mußte Preußen darum bitten, seine Waffenstillstandsverhandlungen zugleich im Namen des »Deutschen Bundes«, den sie doch eigentlich ablösen wollte, zu führen. Andere diplomatische Mittel konnte der Reichsverweser nicht einsetzen, da außer den USA und Frankreich keine Regierung bereit war, mit Vertretern der noch nicht anerkannten Reichsregierung zu verhandeln.

Das Ergebnis der Waffenstillstandsverhandlungen am 28. August war niederschmetternd. Die deutschen Truppen mußten bis auf 2 000 Mann in Altona Schleswig-Holstein räumen. Die Dänen besetzten in gleicher Stärke Alsen. Die Festungen blieben in der Hand ihrer jeweiligen Besitzer, aber die Dänen durften in ganz Schleswig-Holstein kantonieren.

Während sich die Niederlage abzeichnete, arbeiteten sachlich denkende Männer in ganz Deutschland weiter am Bau der Flotte als dem ersten wirklichen Machtmittel der von der Nationalversammlung eingesetzten Zentralregierung. Beim Stapellauf des ersten Kanonenbootes auf der Weser hielt der »Reichshandels- und Marineminister« Duckwitz die Taufrede. Anfang August stellte der Bürgerverein St. Pauli in Hamburg aus seinen Spenden ein Ruderkanonenboot mit 32 Riemen und 2 Geschützen fertig. In Schleswig-Holstein waren schon im Laufe des Sommers 4 Kanonenboote gebaut. Am 10. August lief in Stralsund das erste dort durch Bürgerinitiative gebaute Kanonenboot *Strelasund* vom Stapel. Prinz Adalbert schwenkte persönlich am Heck die schwarz-rot-goldene Flagge mit der preußischen vereint am gleichen Stock. Bei der Taufrede des Kanonenbootes *Germania* in Stettin betonte Prediger Sydow, daß diese Boote der Anfang einer Flotte nicht zum Angriff auf fremdes Eigentum, sondern allein zum Schutze des friedlichen Handels werden sollten.

Der Waffenstillstand mit Dänemark war nur vorübergehend. Es hieß also, sich auf weitere Kämpfe vorzubereiten. Der Handels- und Marineminister in Frankfurt schuf sich eine Marineabteilung. In sie berief er die Abgeordneten Jordan und Kerst sowie den Hauptmann Marcart aus Hannover. Die Marineabteilung entsandte Anfang Oktober eine »Reichskommission« von Sachverständigen nach Hamburg, um die Schiffe der »Hamburger Flottille« vor ihrer Übergabe an die Zentralgewalt zu prüfen. Der bereitgestellte Segler *Franklin* erwies sich als so ungeeignet, daß er seinem Eigner zurückgegeben werden mußte. Die *Deutschland* wäre nicht einmal der Breitseite einer Korvette gewachsen gewesen, war aber als Schulschiff brauchbar. Die drei Dampfer wurden mit der Auflage übernommen, daß sie noch während des Waffenstillstandes verstärkt würden. So konnte auf diesen vier Schiffen die schwarz-rot-goldene deutsche Kriegsflagge gehißt werden.

Preußen führte mit seinen inzwischen fertiggestellten 8 Kanonenbooten und 2 Jollen die ersten Schießübungen im November durch. Danach stellte der preußische Bevollmächtigte in Frankfurt, Camphausen, am 29. November 1848 die vorhandenen und geplanten preußischen Küstenkriegsschiffe zur Übernahme durch das Reich zur Verfügung. Der zuständige Marineminister nahm das Angebot offiziell an.

Die aufgewendeten Kosten sollten auf die zweite Umlage der Beiträge für eine Deutsche Marine angerechnet werden. Den Unterhalt trug Preußen weiter. Die preußischen Seestreitkräfte waren damit offiziell ebenso ein Teil der »Marine des Reiches« wie die spätere »Nordseeflottille« und die »Schleswig-Holsteinische Marine«. Im Laufe des Winters stellte

Preußen 9 Kanonenboote, 21 Schaluppen und 6 Kanonenjollen mit insgesamt 67 Geschützen in Dienst. Auch in Schleswig-Holstein arbeitete man weiter an Kanonenbooten, an einem »Kriegsdampfer« mit 5 Bombenkanonen sowie an einem Schleppdampfer mit einem langen 18pfünder. Hier entstand auch die Idee zu dem ersten schraubengetriebenen Kanonenboot der Welt. Unter dem Druck der Lage wuchsen so gewissermaßen nebeneinander an drei Stellen der nördlichen Küsten getrennte deutsche Seestreitkräfte heran. Dazu kamen, von gleichem Elan getragen, die an der Adria. Man hoffte, daß die von Spenden aller Schichten geschaffene »Deutsche Marine« als erste Schöpfung der Nationalversammlung eine einheitliche unter Führung der Zentralgewalt als deren Exekutivorgan werden sollte. Vergeblich suchte man in Frankfurt nach einem Oberbefehlshaber für die entstehende »Deutsche Marine«. Die Marineabteilung wandte sich an den im Ruhestand lebenden österreichischen Admiral Sourdau, jedoch dieser war gerade von der österreichischen Regierung zum Wiederaufbau der Flotte in der Adria reaktiviert. Versuche, in den Niederlanden oder in den USA jemanden zu gewinnen, scheiterten. Prinz Adalbert von Preußen durfte sich als Angehöriger eines regierenden Hauses weder einem Minister unterstellen, noch durfte er ein Oberkommando außerhalb Preußens übernehmen. Aber der König von Preußen stellte ihn Ende Oktober befristet als Leiter der »Technischen Marinekommission« in Frankfurt zur Verfügung. Die »Technische Marinekommission« unterstand weder dem Minister (Duckwitz), noch gehörte sie zur Nationalversammlung, sondern sie setzte sich aus technischen und militärischen Fachleuten zusammen und sollte selbständig die Zentralregierung durch technische Gutachten, Ausarbeitungen usw. beraten.

Mit dem Prinzen arbeiteten in der Kommission der aus schleswig-holsteinischen Diensten später in den deutschen und dann in den preußischen Dienst übernommene Kapitän Donner, der preußische Navigationsdirektor Jan Schröder, der österreichische Marineoberst v. Kudriaffsky, der aus der Hamburger Flottille kommende englische Marineingenieur Morgan, die Wasserbauingenieure Hübbe und Blome, der hannöversche Major Teichert, die Hauptleute Möhring und Gevekoth sowie der preußische General v. Radowitz und der bereits genannte preußische Major von Wangenheim zusammen. Bald trat als wichtigster Fachmann der frühere Direktor der griechischen Marineschule Piräus, Fregattenkapitän Brommy, ein geborener Sachse, hinzu. Diese Kommission arbeitete für alle späteren deutschen Marinen bis auf den heutigen Tag grundlegende Vorschriften aus:

1. Die »Verordnung über die Uniformierung der Offiziere und Mannschaften der Reichsmarine«.
2. Die »Verordnung für die Disziplinar-Bestrafung in der Marine des Reiches«.
3. Die »Dienstordnung an Bord« (D. a. B.).
4. Das »Exerzierreglement für die Marine-Artillerie«.

Diese Vorschriften unterschieden sich wesentlich von entsprechenden in deutschen Heeren. Die in der ersten festgelegte deutsche Marineuniform wurde mit geringen Änderungen bis heute beibehalten. Die 1848 vom Reichsverweser in Frankfurt erlassene Disziplinarordnung blieb in der preußischen Marine bis 1869 in Kraft. Ihre wesentlichen Grundgedanken fanden in unserem Konzept der Inneren Führung Aufnahme. Auch vom damaligen Dienst an Bord bewährten sich Grundprinzipien, wie Wacheinteilung und Tagesroutine, bis auf den heutigen Tag.

Daneben fertigte die Kommission grundsätzliche technische Gutachten zum Aufbau der Seestreitkräfte und Küstenbefestigungen. Über den Verlauf des späteren Nordostseekanals wurde nachgedacht, und Vermessungsarbeiten für etliche Alternativvorschläge wurden angeregt. Der auf dem Hamburger Marinekongreß vorgeschlagene Ausbau eines Kriegshafens an der Jade wurde geprüft, wegen der zentralen Lage für gut befunden, und Vorbereitungen wurden empfohlen.

Nach Abschluß der Arbeiten nahmen die Angehörigen der technischen Marinekommission im Februar 1849 wieder ihren Dienst in den Teilstaaten, die sie entsandt hatten, auf. Denn Dänemark hatte am 12. Dezember den Waffenstillstand gekündigt und machte im Februar mobil. In den deutschen Seestreitkräften sorgten die ehemaligen Angehörigen der »Technischen Marinekommission« dafür, daß die von ihnen erarbeiteten einheitlichen Grundsätze überall zur Geltung kamen, damit der getrennte Aufbau in eine einheitliche »Deutsche Marine« einmünden konnte. In Frankfurt hatten sie u. a. angeregt, für Kriegszwecke geeignete Fahrzeuge schnell im Ausland zu kaufen. In England hatte die Zentralregierung die transatlantischen Postschiffe *Britannia* und *Acadia* erworben und dort Kontrakte zum Bau von zwei größeren und zwei kleineren Dampfkorvetten abgeschlossen, weitere Käufe folgten. In New York kaufte man eine große Dampffregatte, die *United States*. Die Amerikaner waren bereit, sie in ihren Arsenalen umzurüsten, auch sollten 5 deutsche Kadetten als Midshipmen 2 Jahre zur Ausbildung an Bord der in die Ostsee und in das Mittelmeer entsandten U.S.-Fregatte *St. Lawrence* eingeschifft werden. Das Schiff nahm bereits in den Staaten den Bremer Steuermann Foerste an Bord, stellte ihn aber wegen seines Alters und seiner Vorbildung nicht als Midshipman, sondern als Masters Mate ein. Die Amerikaner gaben auch über alles gewünschte Auskunft. Der Kommandant der Fregatte *St. Lawrence*, Cpt. Paulding, reiste während der Liegezeit in Bremerhaven über die Höfe Berlin, Dresden durch Hessen nach Frankfurt, wo er mit Prinz Adalbert ein längeres, recht herzliches Gespräch führte. Seinem Tagebuch entnehmen wir allerdings, daß er die deutschen Flottengründungspläne für ziemlich utopisch hielt, weil ihnen alle Voraussetzungen zu fehlen schienen. Die USA schickten außerdem als Berater Commodore Parker nach Frankfurt. Dieser, in einem Bundesstaat groß geworden, wies seine Regierung auf den Kernpunkt der deutschen Schwäche hin. Die Zentralgewalt war zwar beschlossen und verkündet, ein Reichsverweser war ernannt, aber weder der Deutsche Bund war aufgelöst, noch waren die bestehenden Regierungen in den deutschen Staaten irgendwie zugunsten des neuen Deutschen Reiches eingeschränkt. Vor allem waren die Rechte der Zentralgewalt ihnen gegenüber und gegenüber auswärtigen Mächten noch nicht verbindlich festgelegt. So riet Parker seiner Regierung, ihre Unterstützung auf gute Ratschläge zu beschränken. Die Ausrüstung und das Auslaufen der *United States* wurde nun so behindert, daß sie erst im Spätherbst 1849 auf der Weser eintraf. Die am 1. November 1848 für zwei Jahre auf der *St. Lawrence* eingeschifften vier preußischen Kadetten wurden bei der ersten Gelegenheit Anfang Juli 1849 in Bremerhaven unter dem Vorwand völkerrechtlicher Bedenken ausgeschifft.

Der Aufbau der deutschen Seestreitkräfte ging trotz dieser und anderer Behinderungen voran, wenn es auch den Zeitgenossen viel zu langsam erschien.

Als am 3. April die Dänen die schleswigsche Grenze und den Alsensund überschritten, konnten sich ihnen nicht nur 55 000 Mann unter dem preußischen General von Prittwitz entgegenstellen, sondern die vorhandenen bescheidenen deutschen Kriegsschiffe hielten schon die Blockadestreitkräfte in einem etwas größeren Abstand von der Küste.

Unter schwarz-rot-goldener Flagge standen in Schleswig-Holstein, 11 Kanonenboote mit je zwei sechzigpfündigen neuen Bombenkanonen, das zum Kriegsdienst umgebaute Paketboot *Bonin*, ein bewaffneter

Schleppdampfer, ein Dampfkanonenboot sowie der Kutter *Elbe* als Schulschiff. Weitere Kanonenboote waren an verschiedenen Plätzen der Herzogtümer im Bau. Diese schleswig-holsteinischen Seestreitkräfte trugen die Hauptlast des Kampfes auf See. Sie bewährten sich durch geschicktes taktisches Verhalten und unterstützten die Landarmee wesentlich.

Die sogenannte »Weserflottille« oder auch »Nordseeflottille« unterstand allein direkt der Zentralgewalt in Frankfurt. Die in England gekaufte *Britannia* war hier als Flaggschiff *Barbarossa* in Dienst gestellt. *Hamburg* und *Lübeck* hielten im April ihre ersten Schießübungen ab. Noch ehe aber auf der *Barbarossa* ein Probeschuß gefallen war, kam sie am 4. Juni mit diesen Schiffen gemeinsam ins Gefecht gegen die dänische Fregatte *Valkyrien* (12 Kanonen). Als Lt. Reichert mit der *Hamburg* zum Entern anlaufen wollte, zog sich die *Valkyrien* in den Schutz der neutralen britischen Festung Helgoland zurück. Der folgende Versuch überlegener dänischer Seestreitkräfte, die deutsche Flottille an der Elbmündung einzuschließen, mißlang. Britannien erklärte nunmehr, da ihm die schwarzrot-goldene Flagge von keiner Seemacht als die ihrige angezeigt war, Kriegsschiffe mit dieser Flagge als Piraten anzusehen.

Preußen hatte diese völkerrechtliche Schwäche der neuen Flagge vorausgesehen und daher 1849 bei Kriegsbeginn die von ihm gestellten Seestreitkräfte wieder unter der international anerkannten preußischen Kriegsflagge fahren lassen. Unter dieser Flagge kam lediglich der *Preußische Adler* am 27. Juni 1849 gegen die dänische Brigg *St. Croix* vor Brüsterort ins Gefecht. 4 preußische standen gegen 16 dänische Geschütze, von denen keines traf. Aber der armierte Postdampfer trug bei diesem ersten Gefecht eines eisernen Schiffes durch die Erschütterungen der eigenen Abschüsse erhebliche Beschädigungen davon.

Wesentlichen Zuwachs bekam die deutsche Marine bereits am dritten Kriegstage. Bei der Abwehr eines dänischen Landungsverbandes vor Ekkernförde eroberten zwei Strandbatterien die dänische Fregatte *Gefion*. Allerdings war das Schiff so sehr beschädigt, daß es nicht mehr zum Einsatz kam. Insgesamt endete der Krieg noch ungünstiger als der vorjährige. Wieder wurde Preußen durch Großbritannien, Rußland und Schweden gezwungen, einen diesmal noch ungünstigeren Waffenstillstand zu schließen. Dem Krieg in Schleswig-Holstein und den gleichzeitigen Aufständen in verschiedenen Hauptstädten war Deutschland nicht gewachsen. Das Werk der Einigung scheiterte. Der Auflösung der Nationalversammlung folgte das Ende der Zentralregierung. Jedoch inmitten der Auflösung entwickelte sich die Deutsche Marine weiter. Die »Nordseeflottille« verdankte dies einem Manne.

Als die Mitglieder der Marinekommission im Februar 1849 den Dienst in ihren Heimatländern wiederaufnahmen, blieb der Fregattenkapitän Brommy allein in Frankfurt übrig. Er war der einzige Seeoffizier, der der Zentralgewalt zur Verfügung stand, und mußte daher das Oberkommando der Nordseeflottille übernehmen. Da sonst niemand Fachkenntnisse besaß, mußte er zugleich das Amt des Seezeugmeisters und das des Befehlshabers über die Landbasen ausfüllen. Er verstand es nicht nur, während eines Sommers aus Handelsschiffsoffizieren, früheren belgischen Seeoffizieren (meist Flamen), angeworbenen Briten und sonstigen Freiwilligen ein einheitliches Seeoffizierkorps zu schaffen, sondern auch die zum Teil recht bunt zusammengewürfelten Besatzungen auszubilden und zu hervorragender Disziplin zu bringen. Die gekauften Schiffe kamen zum Teil schwer beschädigt auf der Weser an. Er ließ ein Dock ausheben, und die Schiffe wurden unter seiner Leitung repariert, verstärkt und zu brauchbaren Kriegsschiffen umgebaut. Dies alles geschah bei ständiger Kriegsbereitschaft unter äußerst schwierigen Umständen. Neben dem Werftbetrieb legte er Depots zur Ausrüstung und Bewaffnung der Schiffe an. So umfaßte die ihm unterstehende Flotte am Ende des Jahres 1849 9 Dampfschiffe und 2 Großsegler:

Hansa (ex *United States*): 170 PS, 11 Kanonen, 260 Mann;
Barbarossa (ex *Britannia*): 440 PS, 9 Kanonen, 183 Mann;
Erzherzog Johann (ex *Acadia*): im Trockendock, zugleich Depotschiff und Ausbildungshulk für Mannschaften, 9 Kanonen, ca. 200 Mann;
Ernst August (ex *Cora*): 270 PS, 6 Kanonen, 150 Mann;
Großherzog von Oldenburg (ex *Inca*): 180 PS, 2 Kanonen, 100 Mann;
Frankfurt (ex *Cacique*): 180 PS, 2 Kanonen, 100 Mann;
Hamburg (aus der Hamburger Flottille): 160 PS, 2 Kanonen, 100 Mann;
Bremen (aus der Hamburger Flottille): 160 PS, 2 Kanonen, 100 Mann;
Lübeck (aus der Hamburger Flottille): 200 PS, 2 Kanonen, 100 Mann;
Deutschland als Schulschiff (ex *Cesar Godeffroy*): 32 Kanonen;
Eckernförde (ex *Gefion*): 48 Kanonen, 420 Mann.

Dazu kamen 27 Kanonenboote mit je 2 Geschützen.

Allerdings waren die Besatzungen meist noch nicht vollständig. Trotzdem war in kurzer Zeit eine beachtliche Streitmacht zustande gekommen. Daß man ihm wegen des Flaggenproblems weiteres Auslaufen verbot, war nicht sein Verschulden. Es war dagegen sein Verdienst, daß diese Flotte, obwohl Geldmittel zur regulären Entlöhnung der Besatzungen immer öfter ausblieben, in hervorragender Disziplin Nationalversammlung und Zentralregierung über drei Jahre überlebte. Brommy wurde noch vom Reichsverweser als dessen letzte Amtshandlung am 11. November 1849 zum Konteradmiral befördert. In dem mit Wiedererrichtung des Deutschen Bundestages beginnenden Intrigenspiel, bei dem verschiedene deutsche Küstenstaaten die Flotte jeweils zum eigenen Nutzen an sich zu bringen versuchten, hielt er sich getreu an seinen legalen Dienstherren. Er trotzte auch dem Ansinnen einer staatsstreichartigen Übernahme dieses Teils der deutschen Flotte durch Preußen, obwohl ihn und seine Flotte dieser Schritt der ständigen Geldsorgen entledigt hätte, denn allein Preußen zahlte seine Beiträge zum Unterhalt der ehemaligen »Reichsflotte«. Er blieb bei seinem Standpunkt, der frühere »Bundestag« übertrug dem »Reichsverweser« seine Machtvollkommenheiten, dieser übergab sie dann an die Bundeszentralkommission, von welcher sie wieder die neu errichtete Bundesversammlung übernahm, nur von dieser war er bereit, Weisungen entgegenzunehmen.
Auf Brommys Flaggschiff ging die schwarz-rot-goldene Flagge am 10. April 1852 nieder, als er die *Barbarossa* an den preußischen Kommodore Jan Schröder übergab, mit dem er die Arbeit für die »Deutsche Marine« vor dreieinhalb Jahren gemeinsam begonnen hatte. Auch die *Gefion*, das stärkste Schiff, ging in die preußische Marine über. Es folgte schließlich die Versteigerung der übrigen Schiffe. Aber bis zuletzt hielten Offiziere, Unteroffiziere und Mannschaften eiserne Disziplin. Am 31. März 1853 gab Brommy seinen letzten Tagesbefehl als Oberkommandierender heraus. Erst Oktober 1853 hatte dann der damit beauftragte Hauptmann Weber das letzte Material befehlsgemäß veräußert bzw. in Bundesfestungen überführt. Bei der Bevölkerung in den Weserhäfen blieb die Erinnerung an den ersten deutschen Admiral und seine Flotte lebendig. Von den Männern seiner Besatzungen gingen viele in österreichische oder preußische Dienste, um weiter an einer deutschen Marine zu arbeiten. Sie trugen in diese den Geist der ersten »Deutschen Marine« des Jahres 1848. Er wurde in den Marinen auch unter wechselnden Flaggen und Regierungsformen bewahrt. Die Liebe und Zuneigung, die große Teile des

deutschen Volkes der Marine in den folgenden wechselvollen Jahren entgegenbrachten und noch entgegenbringen, haben ihre Wurzel in der Bewegung des Jahres 1848. Die deutsche Marine schien lange Zeit die einzige Schöpfung der Versammlung in der Paulskirche zu sein, die den Zusammenbruch der Nationalversammlung überlebte. Wie unser Staat, die Bundesrepublik Deutschland, auf den 1848 von der ersten deutschen Nationalversammlung erarbeiteten »Grundrechten des Deutschen Volkes« aufbaut, so entstand aus dem gleichen freiheitlichen Geist des Jahres 1848 unsere Marine.

Literatur- und Quellenhinweise

Altenburg, O.: Die Anfänge der preußischen Kriegsmarine in Stettin, Karlsruhe 1936

Bär, M.: Die Deutsche Flotte 1848–1852, Leipzig 1898

Batsch, C. F.: Zur Vorgeschichte der Flotte, in: Marine-Rundschau 1896, S. 775 ff.

Brommy, R.: Die Marine, Berlin 1848

Duckwitz, A.: Denkwürdigkeiten aus meinem öffentlichen Leben von 1841–1866, Bremen 1877

Jordan, A.: Geschichte der brandenburgisch-preußischen Kriegsmarine, Berlin 1856

Valentin, V.: Geschichte der Deutschen Revolution 1848–1849, 2 Bde., Köln 1970

Wendlandt, H.: Die Gründung der preußischen Kriegsflotte im Jahre 1848, Stettin 1928

Werner, R.: Bilder aus dem Seeleben, Berlin 1880

Wigart, F. (Hrsg.): Stenographischer Bericht über die Verhandlung der Deutschen konstituierenden Nationalversammlung zu Frankfurt a. M., 9 Bde., Frankfurt 1848/1849

Zechlin, E.: Die deutsche Einigungsbewegung, Bonn 1968

Bundesarchiv/Militärarchiv, Div. Akten der preußischen Marine aus den Jahren 1844–1860

Dem Bundesarchiv/Militärarchiv sei an dieser Stelle herzlich für die Bereitstellung der Akten gedankt.

Dem Deutschen Schiffahrtsmuseum sei dafür gedankt, daß es das obige – im Führer des Deutschen Schiffahrtsmuseum Nr. 10 abgedruckte – Manuskript zur Verfügung stellte.

Walther Hubatsch

Die deutsche Reichsflotte 1848 und der Deutsche Bund

Unter Bezugnahme auf das Wehrgesetz der Deutschen Republik vom 23. März 1921, das nach dem Flaggenwechsel von 1922 und der Bildung von ersten Organisationsstrukturen und Formationen 1923 auch für die neue Reichsmarine praktische Bedeutung erhielt, schrieb der als Staats- und Verwaltungsrechtler ebenso wie als Marinehistoriker hervorgetretene Jurist Professor Dr. Helmut Sprotte in demselben Jahr in der »Marine-Rundschau«: »Die erste deutsche Reichsmarine war die des Jahres 1848. Sie war ein Werk des gesamten Volkes. Sie verschwand mit der Woge der 48er Bewegung, ohne daß sie die geringste Bedeutung für die Organisation der Kaiserlichen Reichsmarine gehabt hätte. Aber der Gedanke der Reichsflotte blieb lebendig, wenn auch nicht mit jener stürmischen Begeisterung des Jahres 1848.«[1] Dies dürfte auch heute noch die allgemeine Meinung über die erste erkennbare gesamtdeutsche Seerüstung in der Geschichte sein und den Grund für die Traditionsbeziehungen bilden, die Sprotte von der zweiten Reichsmarine von 1923 zur ersten von 1848 knüpfte und die es auch heute möglich erscheinen lassen, die deutsche Bundesmarine in dieser Ereignisfolge zu sehen.

Nur wird es sich zeigen, daß in einem weit engeren wörtlichen Verhältnis die heutige Bundesmarine zu der ersten deutschen Flotte von 1848 steht, als gemeinhin bekannt ist. Wird die allgemeine Feststellung von Sprotte etwas näher untersucht, ergeben sich nämlich weiterführende Fragen: Wie konnte es geschehen, daß Deutschland seit der Hanse ohne Seerüstung blieb? Wie stellte sich die alle deutsche Einzelstaaten umfassende Organisation des Deutschen Bundes, der 1815 an die Stelle des alten Römischen Reichs getreten war, eine deutsche Seeverteidigung vor? In welchem Verhältnis schließlich stand die 1848 postulierte Reichsflotte zu den weiterhin bestehenden Verwaltungsorganen des Deutschen Bundes?

Die deutsche Bundesakte, der sämtliche deutsche Teilstaaten am 8. Juni 1815 in Wien beigetreten waren, bestimmte hinsichtlich der allgemeinen Organisationsform des Bundes folgendes:
»Die souveränen Fürsten . . . Deutschlands . . . (sowie) der König von Dänemark für Holstein, der König der Niederlande für das Großherzogtum Luxemburg vereinigen sich zu einem beständigen Bunde . . .« (Art. I). »Der Zweck desselben ist die Erhaltung der äußeren und inneren Sicherheit Deutschlands . . .« (Art. II). In der Bundesversammlung haben Dänemark und die Niederlande ein gleiches Stimmrecht wie Österreich, Preußen und Hannover. »Alle Mitglieder des Bundes versprechen, sowohl ganz Deutschland als jeden einzelnen Bundesstaat gegen jeden Angriff in Schutz zu nehmen und garantieren sich gegenseitig ihre sämtlichen unter dem Bunde begriffenen Besitzungen.« (Art. XI). Die Einrichtung der auswärtigen, inneren und militärischen Angelegenheiten sollte die erste Hauptaufgabe der Bundesversammlung werden, die jeweils in Frankfurt am Main zusammenzutreten habe. Das in der dortigen Plenarversammlung ausgearbeitete und beschlossene Grundgesetz des Deutschen Bundes wurde am 15. Mai 1820 als »Wiener Schlußakte« in Kraft gesetzt. Dort ist u. a. das Exekutionsrecht des Bundes gegen einzelne unbotmäßige Mitgliedstaaten festgesetzt und dafür eine besondere Ordnung erlassen worden. Unter Bezugnahme auf den angeführten Artikel XI der Bundesakte wird nochmals betont, daß »kein einzelner Bundesstaat von Auswärtigen verletzt werden kann, ohne daß die Verletzung zugleich und in demselben Maße die Gesamtheit des Bundes treffe« (Art. XXXVI). »Die Bundesversammlung ist ferner verpflichtet, die auf das Militärwesen des Bundes Bezug habenden organischen Einrichtungen und die zur Sicherstellung seines Gebietes erforderlichen Verteidigungsanstalten zu beschließen« (Art. LI)[2].
Die im Jahre darauf erlassene Kriegsverfassung setzte fest, daß die Heere aller Bundesstaaten entsprechend den Bundesmatrikeln so viel Truppen zu stellen hatten, daß daraus 10 mobile Armeekorps formiert werden konnten. Die Höhe der sonstigen, nicht integrierten Heeresstärken der Einzelstaaten war nicht festgelegt. Hinsichtlich der Seerüstung hat die Bundeskriegsverfassung keine Bestimmungen treffen können. Von den Bundesmitgliedern besaßen Österreich, Dänemark und die Niederlande selbständige Kriegsflotten. Hannover konnte sich in einem auswärtigen Konflikt durch die britische Marine geschützt wissen, solange die Personalunion mit Großbritannien (bis 1837) anhielt. Oldenburg, Mecklen-

burg sowie die auf ihre strikte Neutralität bedachten Hansestädte hatten es vermieden, besondere Kriegsfahrzeuge zu unterhalten. Preußen erwarb mit Schwedisch-Vorpommern 6 Kanonenschaluppen und baute als Kommandofahrzeug einen Kriegsschoner sowie ein Transportschiff, 2 Küsten- und 2 Fluß-Kanonenboote. Von dem größer angelegten Küstenverteidigungsplan einer Spezialkommission aus den Jahren 1835/36, der bereits Prinz Adalbert von Preußen angehörte, wurden lediglich 2 Kanonenboote zur örtlichen Verteidigung von Danzig gebaut. Nachdem die als Navigationsschulschiffe dienenden Boote *Thorn* und *Danzig* 1838 außer Dienst gestellt werden mußten, wurde durch König Friedrich Wilhelm IV. 1841 der Bau der hochseefähigen Schulkorvette *Amazone* angeordnet, die Reisen über den Atlantischen Ozean durchführte. Mit dieser Korvette und 6 Kanonenjollen trat Preußen in das Jahr 1848 ein[3].

Es ist allerdings bisher stets übersehen worden, daß angesichts der allgemeinen politischen Lage und der begrenzten Ostseeküste von Stettin bis Memel, die Preußen zu schützen hatte, die aufwendige Unterhaltung einer ständigen Kriegsmarine für Preußen nicht unbedingt erforderlich und angesichts der ständigen Finanznöte in der Rezessionszeit aufgrund der napoleonischen Kriegsfolgen auch nicht möglich war. Preußen hat einen anderen, höchst interessanten, wenig bekannten Weg eingeschlagen, um seiner Seegeltung auch in Übersee Ausdruck zu verleihen. Es fällt auf, daß hinsichtlich der Schulkorvette *Amazone* in der Literatur die Bemerkung auftritt, das Schiff sei dem Preußischen Finanzministerium unterstellt gewesen, und erst für den Kriegsfall sei die Zuordnung zu dem Kriegsministerium vorgesehen gewesen. Richtig ist, daß die *Amazone* der Preußischen Seehandlung unterstand, die dem Handels-, zeitweise dem Finanzministerium nachgeordnet war. Nicht weniger als 9 hochseegehende, mit Geschützen armierte Fregatten unter Kriegsflagge und Wimpel (später unter Staatsdienstflagge fast gleichen Aussehens) unterhielt die staatliche Preußische Seehandlung in den Jahren 1817 bis 1854, davon waren stets 4 bis 6 Schiffe gleichzeitig im Dienst, von denen einige Weltreisen mit wissenschaftlicher Auswertung durchgeführt haben. Diese erste preußische Hochseeflotte, als bewaffnete staatliche Handelsschiffe im transozeanischen Linienverkehr eingesetzt, teilte das Schicksal der Reichs- und Bundesflotte von 1848–1852: sie wurde aufgelöst, verkauft und ging teilweise in den Schiffsbestand der preußischen Kriegsflotte über[4].

Das Bedürfnis, eine eigene deutsche Kriegsflotte zu schaffen, ist über-

haupt erst durch den Austritt Dänemarks aus dem Deutschen Bund und durch die unmittelbar danach sehr wirkungsvoll durchgeführte Blockade deutscher Häfen durch dänische Kriegsschiffe geweckt worden. Noch in den ersten Wochen der Revolution von 1848 glaubten weite Kreise deutscher Liberaler, in dem Skandinavismus eine verwandte nordische Einigungsbewegung begrüßen zu können, so der Redakteur des »Magdeburger Correspondenten«, Markus Carsten Niebuhr, der Sohn des Althistorikers und Diplomaten, der später Kabinettsrat des Königs von Preußen wurde und 1848 in Berlin eine Schrift erscheinen ließ: »Die deutsche Seemacht und ein deutsch-skandinavischer Bund«, der 48 Millionen vereinen könne. Das waren Gedanken, die in den vierziger Jahren durch die vielgelesene »Augsburger Allgemeine Zeitung« weit verbreitet waren und denen ein gewisser politischer Wert nicht abgesprochen werden konnte, als König Friedrich Wilhelm IV. bei seinem Staatsbesuch in Kopenhagen im Juni 1845 dem Dänenkönig die »Großadmiralswürde von Deutschland« angeboten hatte, wofür der preußische Gesandte in London sich sehr eingesetzt hatte. Dänemark sollte als »Admiralstaat« für die Seeverteidigung des Deutschen Bundes zuständig und als Bundesmitglied verantwortlich sein[5]. Davon war seit Mai 1848 nun keine Rede mehr. Die deutsche Öffentlichkeit schlug scharf und einhellig in übertriebenen Erwartungen und mit großem Selbstbewußtsein zurück: ungezählte Schriften bewiesen nun plötzlich die Notwendigkeit einer starken Seemacht, die man sofort einsetzen müsse; man sah jetzt erst Versäumnisse, Fehleinschätzungen und stand doch hilflos vor einer unerwarteten politischen Wendung, auf die man nicht einmal gedanklich vorbereitet war[6].
Nachdem am 4. April 1848 der Deutsche Bund gemäß Artikel 38 der Bundesverfassung die Gefahr für Holstein festgestellt und am 13. April mit der Bundesexekution gegen Dänemark begonnen hatte, mußten die vordringlichsten Verteidigungsmaßnahmen gegen die dänischen Angriffe auf deutsche Häfen und Schiffe unverzüglich getroffen werden. Seit 10 Tagen bestand in Frankfurt ein Vorparlament, waren die ersten Bundesbeschlüsse zur Wahl der deutschen Nationalversammlung gefaßt worden. Doch bestand noch keine provisorische Zentralgewalt, vielmehr hatte der Deutsche Bund die alleinige Vollmacht zur Exekutive. An ihn und nicht an einzelne Küstenstaaten wurde daher richtigerweise das Gesuch geleitet, eine Flotte des Deutschen Bundes aufzustellen. In beachtlicher Schnelligkeit war bei dem eingespielten Verwaltungsapparat ein entsprechender Ausschuß gebildet und die auswärtigen Vertreter der wich-

tigsten norddeutschen Staaten zur Beschaffung von schwimmendem Material im Ausland bevollmächtigt worden.

Diese in Richtung auf die Gründung einer Bundesmarine zielende Aktion erreichte das ursprüngliche Ziel nicht, weil sich der Ankauf genügender Fahrzeuge z. T. aus völkerrechtlichen Gründen als unerwartet schwierig erwies und weil in der Zwischenzeit die privisorische Reichsgewalt in Frankfurt durch Gesetz eingeführt worden war und das neu gebildete Reichskriegsministerium die Huldigung sämtlicher Truppenteile veranlaßt hatte, was am 6. August 1848 geschehen war. Als die ersten Seestreitkräfte für die neue Marine in den deutschen Gewässern eintrafen, waren sie zwar aus Bundesmitteln beschafft (und auch weithin unterhalten), unterstanden jedoch den seit September 1848 verkündeten Reichsgesetzen. Die Reichsverfassung vom 28. März 1849 war am 18. Mai in Kraft getreten. Sie besagte ausdrücklich: »Die Seemacht ist ausschließlich Sache des Reiches. Es ist keinem Einzelstaate gestattet, Kriegsschiffe für sich zu halten« (Art. III § 19). Dort heißt es weiter: »Die Mannschaft, welche aus einem einzelnen Staate für die Kriegsflotte gestellt wird, ist von der Zahl der von demselben zu haltenden Landtruppen abzurechnen. Das Nähere hierüber sowie über die zwischen dem Reiche und den Einzelstaaten bestimmt ein Reichsgesetz.« Dazu sollte es nicht mehr kommen, denn die Reichsverfassung erlosch stillschweigend mit deren Ablösung durch die von Österreich und Preußen Ende September 1849 gebildete interimistische Bundeszentralkommission. Bereits ein halbes Jahr zuvor, am 8. April 1849, hatte Österreich erklärt: »Für uns besteht die Nationalversammlung nicht mehr.«

In der Zwischenzeit war die Flaggenfrage aufgetreten: Am 31. Juli 1848 wurde das Gesetz über Kriegs- und Handelsflagge von der Nationalversammlung angenommen, aber keine Ausführungsbestimmungen erlassen. Die Art der Veröffentlichung der Reichsgesetze blieb ungewiß, und die völkerrechtliche Anerkennung der Reichsgewalt war noch nicht erfolgt. Österreich lehnte eine Reichsflagge ab; Schleswig-Holstein hatte Schwierigkeiten, Hamburg fürchtete um seine Neutralität. Die Handelsflagge sollte höchstens als 2. »Nebenbanner« gezeigt werden dürfen. Eine Beschreibung der Kriegsflagge erfolgte am 12. November 1848 im Reichsgesetzblatt Nr. 5 vom 13. November 1848 Abschnitt 1: »Die deutsche Kriegsflagge besteht aus drei gleich breiten, horizontal laufenden Streifen, oben schwarz, in der Mitte rot, unten gelb. In der linken oberen Ecke trägt sie das Reichswappen in einem viereckigen Felde, welches zwei Fünftel der Breite der Flagge zur Seite hat. Das Reichswappen zeigt im goldenen Felde den doppelten schwarzen Adler mit abgewendeten Köpfen, ausgeschlagenen roten Zungen und goldenen Schnäbeln und desgleichen offenen Fängen.« Über die Führung der neuen Flagge erfolgte keine Anzeige außer an die USA. Als am 4. Juni 1849 es zum Gefecht von 3 Schiffen Brommes mit der dänischen Dampfkorvette *Valkyrien* vor Helgoland kam, erfolgte ein Warnungsschuß des britischen Inselkommandanten. Die Beschwerde kam zunächst an die Hansestädte, die sich als nicht zuständig zeigten; das britische Außenministerium gab jedoch die Warnung ab: Schiffe, die unter keiner Staatshoheit Kampfhandlungen ausübten, müßten als Freibeuter angesehen werden. Jetzt erst wurden auf Betreiben des Reichsmarineministeriums vom 21. Juni 1849 diplomatische Schritte eingeleitet, doch unmittelbar danach trat das Ende der Reichsgewalt ein. Erst die Bundeszentralkommission suchte um Anerkennung nach, doch verzögerte sich diese durch notwendiges gemeinsames Auftreten von Österreich und Preußen. Im Mai 1850 war die Flagge anerkannt von den Vereinigten Staaten von Amerika, den Niederlanden (als Bundesmitglied), Belgien, Sardinien, Türkei, Portugal, Neapel, Spanien und Griechenland sowie unter Vorbehalten auch von Frankreich. Rußland wich aus. Die endlich erfolgte Flaggenanzeige in London vom 2. Juli 1850 wurde von Außenminister Lord Palmerston bereits am 29. des Monats beantwortet: die Sache sei nicht dringlich; sie würde besser verschoben »until they receive a communication from an acknowledged and constituted authority representing the Germanic Confederation«[7].

Die Reichszentralgewalt wurde demnach nur von den kleineren europäischen Staaten anerkannt. Gegenüber den Großmächten war es nicht gelungen, den Nachweis zu führen, daß der Bundesstaat auf nationalstaatlicher Grundlage von 1848 rechtlich identisch sei mit der Einrichtung des Staatenbundes von 1815, aus dessen Kontinuität er herausgewachsen sei lediglich auf dem Wege einer Verfassungsänderung, nicht eines Staatenwechsels. Zu schrill waren jedoch die grundsätzlich den Umsturz fordernden Töne aus Frankfurt erklungen, um im Ausland überhört zu werden; allzu selbstbewußt war eine noch gar nicht vollzogene Einigung von 50 Millionen Bürgern gleicher Sprache und Nationalität in der Mitte Europas proklamiert worden, als daß daraus nicht Drohung und Gefahr für die im Wiener Kongreß künstlich errichtete Gleichgewichtslage befürchtet werden konnte. Für die deutsche Marine ergab es sich, daß

Österreich von Anfang an entschlossen war, seine rot-weiß-rote Flagge weiter zu führen; Preußen unterließ den schon angeordneten Flaggenwechsel aus den genannten Gründen, und das Nordseegeschwader der »Reichsflotte« durfte die Farben »Schwarz-Rot-Gold« nur innerhalb der deutschen Hoheitsgewässer führen, weshalb die Genehmigung zu Verbandübungen nicht erteilt werden konnte und die Fahrzeuge sich auf Einzelausbildung zu beschränken hatten.

Das vom Bundestag beschlossene Gesetz über die vorläufige Zentralgewalt brachte das nun zu bildende Reichskabinett in völlige Abhängigkeit von der Nationalversammlung. Für die Marineangelegenheiten wurde darin zunächst nicht das von Preußen besetzte Reichskriegsministerium zuständig, sondern (ebenfalls nach preußischem Verwaltungsvorbild) das Reichshandelsministerium. Dieses erhielt der Bremer Kaufmann und Bürgerschaftspräsident Arnold Duckwitz, der über den Wechsel von drei Reichskabinetten hinweg ebenso wie der Reichskriegsminister von Peucker, mit dem er eng zusammenarbeitete, bis Mai 1849 im Amt blieb. Seit Oktober 1848 war er zugleich der Leiter des Marinedepartements. Dieses hatte seinen Sitz am Ort der Reichsverwaltung in Frankfurt/Main und gliederte sich in eine Marine-Abteilung, die mit einem kleinen Büropersonal zuständig war für die allgemeine Verwaltung der Marine, den Ankauf von Schiffen und den Abschluß von Bauverträgen entsprechend den Richtlinien der technischen Marinekommission, sodann für das Rechnungswesen und den Verkehr mit dem Marine-Ausschuß der Nationalversammlung. Hierbei galt es in erster Linie, die überaus lebhaften Wünsche einzelner Abgeordneter und begutachtender Organe, denen die zahlreichen technischen und organisatorischen Schwierigkeiten fremd sein mußten, auf den festen Boden einer sachgerechten Auseinandersetzung zu stellen. Die eigentliche fachliche Beratung wurde von der gleichfalls von Duckwitz eingesetzten und seinem Ministerium angegliederten, jedoch zeitlich begrenzten »Technischen Marine-Kommission« erwartet.

Am 13. Oktober 1848 bat der Reichsverweser Erzherzog Johann den König von Preußen um Entsendung des Prinzen Adalbert, um hinsichtlich Technik und Nautik tätig bei der Gründung einer deutschen Kriegsflotte mitzuwirken. Ministerpräsident Graf Brandenburg befürwortete am 11. November 1848, »dem Prinzen den Urlaub dazu erteilen zu wollen, daß er sich nach dem Wunsche . . . des Reichsverwesers Erzherzog Johann an die Spitze der Technischen Marinekommission stellen dürfe, welche neben einer Abteilung im Ministerium des Handels der provisorischen Zentralgewalt für Deutschland zur Gründung einer deutschen Kriegsmarine gebildet ist und für jetzt diejenigen Einrichtungen treffen soll, deren es bedarf, um gegen das Frühjahr 1849 einige Anfänge einer Flotte aufzuweisen und einen Plan vorzubereiten, nach welchem die definitive Bildung der deutschen Marinebehörden und des Marinewesens vor sich gehen kann«. König Friedrich Wilhelm IV. genehmigte dies am 17. November 1848. Prinz Adalberts Tätigkeit war Ende Februar 1849 beendet. Der Aufbau einer Reichsflotte sollte in zwei Stufen vor sich gehen: 1. Küstenschutz mit Dampfschiffen und Kanonenbooten, 2. Handelsschutz durch Forcierung des Belts mit 15 schweren Fregatten zu je 60 Kanonen mit Hilfsdampfmaschinen, dazu 30 Raddampfer. Für zehn Jahre würden je 6 Millionen Taler benötigt. König Friedrich Wilhelm IV. dankte schon am 26. Januar 1849 für die »so interessanten Marinemitteilungen, und sehne mich vor allem nach den 60 Millionen Talern, die dazu nötig sind«[8].

Der König von Preußen hatte auch die Marineangelegenheiten tatkräftig unterstützt, wie Minister Duckwitz in seinem umfassenden Rechenschaftsbericht vom Mai 1849 am Ende seiner Amtszeit betonte. Die Errichtung eines Hydrographischen Büros ging unmittelbar aus dem damaligen Schriftwechsel des Prinzen Adalbert mit dem Geographen Heinrich Berghaus in Potsdam hervor. Preußische Offiziere wurden zur Beaufsichtigung der Geschützgießereien in Lüttich und Rönnebeck (Hannover) abgeordnet, was um so dringlicher wurde, als eine ganze Serie gegossener Rohre der letztgenannten Fabrik zurückgegeben werden mußte, weil die Geschütze beim ersten Anschießen gesprungen waren. Die hannoversche Regierung hatte die Abstellung von Artilleristen wiederholt aus angeblich militärischen Gründen abgelehnt. Wie Preußen, so beförderte jedoch auch Hannover das Marine-Material auf den Eisenbahnen kostenlos und frei vom Transitzoll[9].

Von den zahlreichen Schwierigkeiten, denen die Marine-Abteilung bei der raschen Aufbauphase der Flotte sich ausgesetzt sah, mag nur erwähnt werden, daß die rechtzeitige Herstellung der Gefechtsbereitschaft der Neubauten durch Werftarbeiterstreiks verzögert wurde. Die Korvette *Bremen* konnte Anfang April 1849 noch nicht zur Flotte treten, weil nach dem Bericht des Reichsministers Duckwitz »die Zimmerleute an der Weser wochenlang, um einen größeren Tagelohn zu erzwingen, die Arbeit niedergelegt hatten«. Die Korvette gehörte zu der »Hamburger

Flottille«, auf der, wie Duckwitz mitteilte, der Dienst an Bord »nach augenblicklichem Gutdünken angeordnet wurde. Als daher im März 1849 auf jener Flottille die von dem Ministerium angeordneten Disziplinar-Reglements und überhaupt der geregelte Reichsdienst eingeführt wurde, erzeugte die Einführung strenger Disziplin einige Unzufriedenheit. – Es darf nicht verschwiegen werden, daß die auf der Elbe liegenden Schiffe noch nicht vollständig das Bild militärischer Ordnung zeigen, welche unerläßlich ist. Die Nähe einer großen Stadt erschwert die Einführung der notwendigen Disziplin, weshalb die Schiffe einstweilen nach Krautsand an der unteren Elbe beordert sind. Ein erfreulicheres Bild bietet die Flottille auf der Weser dar.« Die Haupthindernisse sah der Minister in dem Zusammentreffen folgender den Aufbau verzögernden Momente: Strandung eines Schiffes bei der Überführung, Ablehnung der Vereinigten Staaten von Amerika, Instruktionsoffiziere zu entsenden, Mangel an Gesetzen zur Deckung des Mannschaftsbedarfs und deren soziale Sicherung gegen Unfälle sowie fehlende Vorbereitung zur Festsetzung von Rang und Gehalt für Offiziere, schließlich fehlende Möglichkeit zur Eintreibung nicht gezahlter Reichsmatrikel. »Diese Dinge sind es, welche die Marine-Abteilung darin gehindert haben, in der Zeit von sechs Monaten eine maritime Macht zu schaffen, um den Dänen die Herrschaft in der Nordsee streitig zu machen.«[10] Dies erklärt auch die Zurückhaltung gegenüber dem Angebot des Entwurfs eines Unterseebootes, das im September 1849, mithin sieben Monate vor dem Gesuch von Wilhelm Bauer an die schleswig-holsteinische Marine, dem Marine-Ausschuß in Frankfurt zugeleitet wurde[11].

Wichtiger aber war die Beschaffung der Matrikularbeiträge zur Ausrüstung und Indiensthaltung der Reichsflotte selbst. Der Deutsche Bund hatte im ersten Halbjahr 1848 den Betrag von 525 000 Gulden aus Festungsbaugeldern für Rastatt und Ulm für die Marine abgezweigt. Die Marineausgaben waren bis Ende 1849 jedoch schon auf den dreifachen Betrag angewachsen. Die Matrikularbeiträge für 1848 waren in leidlicher Höhe gezahlt worden; in Rückstand geblieben waren lediglich Bayern mit rund 500 000, Sachsen mit 200 000, Kurhessen mit 100 000, Luxemburg und Limburg mit 42 000 Gulden. Alle übrigen 36 Staaten hatten ihre Beiträge pünktlich in voller Höhe entrichtet bzw. nach Einzelverhandlungen entsprechenden Ausgleich geboten wie Österreich und Preußen. Am 1. März 1850 bestanden noch fast 1,8 Millionen Gulden rückständiger Marinebeiträge; den vollen Verpflichtungen waren nur

Preußen, Hannover, Holstein, Lauenburg, Mecklenburg-Schwerin, Nassau, Oldenburg, Anhalt-Dessau, Schwarzburg-Rudolstadt, Waldeck und die vier Reichsstädte nachgekommen. Österreich hatte einen Ausgleich für seine Aufwendungen bei der Mittelmeerflotte angeboten, was von der Bundeszentralkommission gebilligt wurde. Die von Jahr zu Jahr dringender werdenden finanziellen Erfordernisse für den Unterhalt der Flotte, um den Fortbestand des aus Bundesmitteln geschaffenen Bundeseigentums zu sichern, sind von der Bundeszentralkommission in kurzen Abständen eindringlich den mit ihren Beiträgen rückständigen Regierungen vorgestellt worden – ohne den geringsten Erfolg, so daß der Kassenstand in einer nicht mehr zu verantwortenden Weise absank, bereits Personalentlassungen bei der Bundeszentralkommission erfolgten und die Entnahme von Festungsbaugeldern für die Flottenbedürfnisse weiterhin nicht mehr zu rechtfertigen war. Nachdem der Bericht über die im Monat März 1850 vorgenommene Besichtigung der deutschen Marine auf den acht bei Bremerhaven vor Anker liegenden deutschen Schiffen ein sehr befriedigendes Ergebnis brachte, hat die Bundeszentralkommission mit um so größerem Nachdruck auf die Folgen der unmittelbar bevorstehenden Erschöpfung der letzten Zahlungsreserven aufmerksam gemacht[12]. In der gedruckten Nachweisung »Dritte Darstellung der Lage des Finanzhaushaltes des Deutschen Bundes mit Berücksichtigung der seit dem 1. Mai 1850 darin sich ergebenden Stockungen« heißt es: »Der laufende Aufwand für die Marine allein beträgt an den fixen Erhaltungskosten monatlich 34 500 Reichstaler, und ist in der Denkschrift vom 17. April dieses Jahres bereits umständlich nachgewiesen worden, wie gerade in der deutschen Marine allein der Kern aller Verwicklungen und Verlegenheiten im Bundeshaushalt liegt. Noch immer aber ist die Marinefrage von Bundes wegen nicht endgültig gelöst, und es fehlen der Bundeszentralkommission deshalb die Mittel, die Ordnung herzustellen; andererseits konnte sie sich durchaus nicht für berechtigt halten, etwa mit Einleitungen zur Auflösung der Nordseeflotte und mit der damit verbundenen Entwertung des eben geschaffenen Bundeseigentums vorzugehen. Gerade in der gegenwärtigen Krise darf die öffentliche Meinung nicht aufgeregt oder verletzt werden, was der Fall wäre, wenn die deutsche Flagge, über deren Anerkennung von mehreren Seiten soeben die offiziellen Mitteilungen einlaufen, jener des Käufers oder Pfandinhabers der preiszugebenden Schiffe weichen müßte.«[13]

Noch weitere zwei Jahre sollte sich dieser Zustand hinschleppen, bis es zu dem von der Bundeszentralkommission vorausgesagten Flaggenwechsel durch Verkauf der Bundesflotte kam. Vorangegangen war ein bemerkenswerter österreichischer Vorschlag zur Bildung einer Nordseeflotte des Bundes neben einer österreichischen Mittelmeer- und preußischen Ostseeflotte; dafür bestand jedoch ebensowenig Neigung, Matrikularbeiträge zu leisten, wie zuvor für die Reichs- oder Bundesflotte insgesamt. Aus denselben Gründen war auch ein letzter Versuch Hannovers, eine Nordseeflotte allein aus Beiträgen der deutschen Anliegerstaaten zu bilden und zu unterhalten, zum Scheitern verurteilt.

Daraus zog nun Preußen die Folgerung. 1853 erhielt die in Bildung begriffene preußische Kriegsmarine in der Admiralität eine einheitliche Kommando- und Verwaltungsbehörde nach dem Vorbild der soeben aufgelösten Reichsflotte. Im gleichen Jahr erwarb Preußen von Oldenburg das Jadegebiet zur Anlegung des Marine-Nordseestützpunkts Wilhelmshaven. Der preußische Marineminister Albrecht von Roon, auf dessen Antrag die spätere Stadt und Festung den Namen Wilhelmshaven erhielt, betonte 1869 bei der Einweihung des ersten preußischen Nordsee-Kriegshafens in Anwesenheit der britischen Kanalflotte: »Preußen bringt mit diesem Kriegshafen eine Morgengabe dem Bunde, den es aufgerichtet hat als einen Bund der Gemeinsamkeit und des Anschlusses an das große Deutschland.«

Als der Oberbefehlshaber der preußischen Marine, Prinz Admiral Adalbert, mit der Korvette *Amazone* und sechs Kanonenbooten 1861 weseraufwärts nach Bremen fuhr, um hier Verhandlungen über eine gemeinsame Nordseeflottille zu führen, fand er bei dem Senatspräsidenten Gildemeister offene Bereitschaft. Daß diese Fortsetzung der Reichsflottenpläne auch jetzt noch nicht reifte, war der Weigerung Hamburgs, sich zu beteiligen, zuzuschreiben. Erheblich war das seit 1866 nicht mehr. Der Erwerb Helgolands, in dessen Sicht Brommes und Tegethoffs Geschwader 1849 und 1864 gefochten hatten, brachte 1890 endlich die freie Zufahrt in die Ems, Jade, Weser und Elbe.

In dieser Entwicklungslinie ist der 5. April 1849 von Bedeutung gewesen, als vor nunmehr 130 Jahren die Reichsflotte, bald darauf Bundesmarine genannt, zusammentrat und unter Konteradmiral Bromme Oberbefehl und Seezeugmeisterei, Kommando und Verwaltung vereinigt wurden. So trat die erste deutsche Marine in ihren Kommando- und Verwaltungsbehörden und ihren schwimmenden Streitkräften, Werften und Arsenalen vereint in Bremerhaven zusammen.

Anmerkungen:

1 Helmut Sprotte: Die Organisation der ersten deutschen Reichsmarine. In: Marine-Rundschau. 1923, S. 69–73, dort S. 69 (Fußnote).

2 Karl Zeumer: Quellensammlung zur Geschichte der Deutschen Reichsverfassung in Mittelalter und Neuzeit. I. Teil. 2. Aufl. Tübingen 1913, Nr. 218, 219. – Ernst Rudolf Huber: Dokumente zur deutschen Verfassungsgeschichte. Bd 1. Stuttgart 1961, Nr. 29, 30. Ebd. Nr. 37: Exekutions-Ordnung vom 3. 8. 1820, und Nr. 38, 39: Kriegsverfassung des Deutschen Bundes vom 9. 4. 1821 sowie Nähere Bestimmungen von 1821 und 1822. – Die bereits 1819 eingesetzte Bundesmilitärkommission hatte sich gelegentlich mit Fragen des Küstenschutzes beschäftigt, ohne solche Randprobleme angesichts dringlicher erscheinender Aufgaben weiter zu verfolgen. Wolfgang Keul: Die Bundesmilitärkommission (1819–1866) als politisches (sic!) Gremium. Ein Beitrag zur Geschichte des Deutschen Bundes. Frankfurt/M. 1977 (Europ. Hochschulschriften. Reihe III. Bd. 96).

3 Otto Altenburg: Die Anfänge der preußischen Kriegsmarine in Stettin. Karlsruhe. 2. Aufl. 1936 (mit 7 Bildtafeln).

4 Johann Friedrich Meuß: Die Unternehmungen des Kgl. Seehandlungs-Instituts zur Emporbringung des preußischen Handels zur See. Ein Beitrag zur Geschichte der Seehandlung (Preuß. Staatsbank) und des Seewesens in Preußen in der ersten Hälfte des 19. Jahrhunderts. Auf Grund der Akten dargestellt. Berlin 1913 (Veröff. d. Instituts für Meereskunde an der Universität Berlin. N. F. B: Historisch-volkswirtschaftliche Reihe. H. 2.). – Quellen: GStA Rep. 89 VII (1822–1845) Kab.-Registratur betr. Seehandlung; Rep. 109 XII 27–29 betr. Schiffe der Seehandlungssozietäten. – Heinrich Berghaus: Sechs Reisen um die Erde der Kgl. Preuß. Seehandlungsschiffe *Mentor* und *Princess Louise* innerhalb der Jahre 1822–1842. Breslau 1842 (mit Auszug aus den Schiffsjournalen in Bezug auf Physik und Hydrographie).

5 Hierzu u. a.: Troels Fink: Admiralstatsplanerne i 1840erne. In: Festskrift Arup. Kopenhagen 1946.

6 Die Einstellung auf die neue Aufgabe begann sich erst Anfang der 50er Jahre recht auszuwirken. Friedrich Wilhelm Barthold, Historiker und Publizist aus Pommern, verfaßte eine universalhistorisch angelegte Geschichte der deutschen Seemacht (1. Abt. in: Historisches Taschenbuch. Hrsg. v. Friedrich v. Raumer. 3. Folge. 1. Jg. Leipzig 1850, S. 283–458; 2. Abt. ebd. 2. Jg. 1850, S. 59–186 (+ 78 Anm. – S. 192). Der Vf. erinnert eingangs an Sir Walter Raleigh, der z. Zt. Elisabeth' I. in seiner Schrift über die königliche Flotte und den Seedienst ausführte: »Wer die See beherrscht, beherrscht den Handel; wer den Handel der Welt beherrscht, beherrscht die Reichtümmer der Welt und folglich die Welt selbst.« Das klingt wie ein vorweggenommener Mahan. Von den Batavern über die Osterlinge geht die Darstellung zur Entdeckungszeit; ausführlicher behandelt wird der Reichsflottenplan Wallensteins (S. 127–136), sie endet mit Duckwitz' Schrift über die Gründung der deutschen Kriegsmarine (1849) und schließt mit dem ein halbes Jahrhundert später erneut aufgenommenen und bekannter gewordenen Ruf: »Das Eine, was not tut: eine deutsche Flotte.«

7 GStA Auswärtiges Amt I. B. Rep. VII Nr. 21. – M. Bär: Die deutsche Flotte von 1848–1852. Leipzig 1898, S. 226–232.

8 C. F. Batsch: Admiral Prinz Adalbert von Preußen. Berlin 1890, S. 150–157.

9 Bericht Duckwitz (o. D., Anfang Mai 1849, am Ende seiner Amtszeit): Beantwortung der Interpellation des Abgeordneten von Reden an das Reichsministerium, die Wirksamkeit der Marineabteilung des Reichsministeriums (für Handel) betreffend. Druck. DB 64 II/2 (BA Fft./M.). – Schriftwechsel über das erst 1861 eingerichtete, jedoch schon 1849 geplante Hydrographische Büro ebd.

10 Bericht Duckwitz DB 64 II/2 (BA Fft./M.).

11 Marine-Ausschuß DB 51 VII 400 (BA Fft./M.). – Die von mir 1979 aufgefundene bisher unbekannte Akte mit drei Zeichnungen war von dem Regierungs-Geometer R. Winkler in Halberstadt als Erfinder dieses »Taucherschiffes« eingereicht worden.

12 Zweite Darstellung der Lage des Finanzhaushaltes des Deutschen Bundes mit besonderer Berücksichtigung der Verhältnisse der deutschen Marine und der Beitragsleistungen für dieselbe: DB 64 II/2 H 1 fol. 97v (BA Fft./M.).

13 Bundesdrucksache Sign. DB 64 II/2 H 1, Frankfurt/M. 15. 7. 1850 (BA Fft./M.).

Klaus Friedland

Die Schleswig-Holsteinische Flottille 1848 bis 1851*

Im Juni 1848 beantragte der Professor des römischen Rechts an der Christian-Albrechts-Universität in Kiel, Johannes Christiansen, den Bau einer schleswig-holsteinischen Flotte zum Zwecke der Verteidigung von Schiffahrt und Reederei. Noch im Sommer desselben Jahres wurde mit dem Bau begonnen. Zwei Jahre später, Mitte 1850, erreichte sie mit drei Raddampfern, einem Schoner und 12 Kanonenbooten, also 16 Fahrzeugen, ihre größte Stärke. Sie kostete 569 000 Mark Courant, nach heutigem Geld etwa 7½ Mio. DM. Am 11. Januar 1851 wurde sie – durch Übergabe der Fahrzeuge an Dänemark und Übernahme der Besatzungen durch Preußen – aufgelöst[1].

Das ist, in knappsten Worten, die Geschichte der Schleswig-Holsteinischen Flotte von 1848. Die Spontaneität ihres Zustandekommens, ihre Zwecksetzung und ihr frühes Ende fügen sich unschwer ein in die Abschnitte der deutschen Geschichte bis zu und unmittelbar vor der Jahrhundertmitte: die kriegerischen Ereignisse seit der Einverleibung Schleswigs durch König Friedrich VII. von Dänemark im März 1848, die damit einhergehende Blockierung deutscher Handelshäfen an Nord- und Ostsee durch dänische Kriegsschiffe, Waffenstillstand (von Malmö) im August 1848, dessen Ablauf und neue Kämpfe seit April 1849, Einstellung der Kriegshandlungen unter politischem Druck der Großmächte im Laufe der zweiten Jahreshälfte 1850.

* Geringfügig veränderter Text des am 13. Juli 1979 im Rahmen des Colloquiums »Die erste Deutsche Flotte 1848–1852« gehaltenen Vortrages. Weitere Ausführungen zum Thema, insbesondere was den Anteil des Staatsrechtslehrers Lorenz Stein am schleswig-holsteinischen Flottenkonzept und dessen Integration in die nationalstaatlichen Bestrebungen angeht, sind jetzt in »Seemacht und Nationalstaat. Lorenz Steins Flottenkonzept von 1848« enthalten (in: Geschichte und Gegenwart. Festschr. z. 70. Geburtstag von Karl Dietrich Erdmann, hrsg. von Hartmut Boockmann, Kurt Jürgensen und Gerhard Stoltenberg, Neumünster 1980).

Der sehr kurzen Geschichte entspricht der sehr kleine Umfang der Schleswig-Holsteinischen Flotte, besser: Flottille, wie sie von Zeitgenossen auch genannt worden ist, kaum wohl, um ihre Bedeutung herunterzuspielen, eher im Gegenteil: um sie als einen Teil vom größeren Ganzen, der Reichsflotte, zu kennzeichnen, wie dies dem Artikel III § 19 der Reichsverfassung vom 28. März 1849 entsprach: Die Seemacht sollte Sache des Reiches sein. Im Frühjahr 1849 war, in konsequenter Verfassungstreue, diese Schleswig-Holsteinische Flottille den Beauftragten der deutschen Zentralgewalt als »Deutsches Nationaleigenthum« übergeben worden.

Aber klein war diese Flotteneinheit jedenfalls, auch wenn man diesen Eindruck würde mindern wollen, indem man bei der Aufzählung ihrer Fahrzeuge[2] mit dem größten begänne: dem Flaggschiff *Bonin*, einem in Schottland gebauten Raddampfer mit 180 PS Motorstärke, ein damals 17 Jahre altes Schiff, das vorher als Paketdampfboot gefahren war, immerhin neun Jahre jünger als der in England gebaute, als Schlepper verwendete Raddampfer *Kiel* mit nur 40 PS; sodann der doppelt so starke ehemalige Passagierdampfer *Löwe*, der vormals als Wachschiff und nun als Schulschiff verwendete Schoner *Elbe*, 1831 in Nyholm bei Kopenhagen gebaut, ein dampfbetriebenes Kanonenboot, und dann eben noch weitere 11 Kanonenboote, 4 davon offene Ruderboote, die restlichen als dreimastgetakelte Lugger mit Verdeck, die auch mit Rudern fortbewegt werden konnten. Diesen 16 Flotteneinheiten im engeren Sinne sind noch der Segelkutter *Tummler*, ein Ausbildungsboot der Seekadettenschule Kiel, der Zoll- und Bugsierdampfer *Eider*, der Schleppdampfer *Rendsburg* und der *Brandtaucher* zuzuzählen – als dieses erste Unterwasserfahrzeug freilich sein sechswöchiges Leben vom 18. Dezember 1850 bis zu seinem Untergang vor Ellerbek am 1. Februar 1851 begann, gab es bereits zwei andere Fahrzeuge nicht mehr: das am 21. Juli 1850 von der Besatzung aufgegebene und explodierte Kanonenboot Nr. 1 *Von der Tann* und das am 3. November vor Glückstadt im Sturm mit der ganzen Besatzung gesunkene Boot Nr. 8 *Nübbel*, eins von den besegelten und gedeckten Kanonenbooten.

Von diesen kleinen und nicht eben zahlreichen Fahrzeugen der Schleswig-Holsteinischen Flotte müssen nun freilich zwei allein wegen ihrer Bedeutung für die Geschichte der Technik hervorgehoben werden, beide zugleich bedeutende technische Leistungen der Maschinenbaufirma Schweffel und Howaldt zu Kiel, der Vorgängerin der Howaldtwerft.

Es ist zunächst das Kanonenboot Nr. 1, 1849 auf der Hilbert-Werft in Kiel mit einer Schraubenschiffsmaschine von Schweffel und Howaldt fertiggestellt und nach dem seit 1849 in Schleswig-Holstein diensttuenden Bundestruppen-Generalstabschef v. d. Tann genannt; im Volksmund hieß es: »de Schruv«. Es war nicht »das erste Schraubenkanonenboot der Welt«[3], aber doch das erste in Deutschland, ein 25,6 m langes, hölzernes Schiff mit 120 t Verdrängung, einem hohen Schlot und vor allem einer technisch bemerkenswerten Maschinenanlage mit Erzeugung künstlichen Zugs wie bei einer Lokomotive, die wesentliche Erfahrungen für die Statik des Maschinen- und Welleneinbaus und für die Anordnung des Kessels lieferte.

Das zweite technisch bedeutende Fahrzeug der Schleswig-Holsteinischen Flotte ist von dem entschiedensten Gegner des Flottengedankens in Schleswig-Holstein, dem General Prinz Friedrich von Noer, folgendermaßen gekennzeichnet worden: »Nicht zufrieden mit der überseeischen Flotte wollte die Statthalterschaft auch eine unterseeische haben. Ein bairischer Unterofficier, der zum ersten Male das Meer erblickte, glaubte . . . unter dem Wasser unbemerkt an feindliche Schiffe heran . . . gehen (zu können) . . . Diese Idee ist zu albern . . . Wie die . . . Lenkung des Bootes bewerkstelligt werden sollte, hat mir Niemand erklären können . . . Jeder . . . Mensch konnte wissen, daß alle Regeln der Natur und Kunst bei diesem Experiment übersehen waren . . . Mit Dampf konnte das Boot nicht bewegt werden, sonst hätte ein Schornstein über dem Wasser sein müssen . . . Alle(s) dies . . . hat der bairische Unterofficier sich natürlich nicht (gedacht), da er nie das Meer gesehen hatte . . . Als . . . die Fahrt unter Wasser losgehen sollte, klappte das Ding . . . zusammen wie ein Klapphut, und mit genauer Noth schlug die Besatzung den Deckel auf, um aus der Tiefe des Hafens an die Oberfläche hinauf zu fahren wie die Propfen aus den Champagnerflaschen.« Es ist eine Ironie der Technik-Geschichte, daß der Prinz von Noer mit seiner abschätzigen Selbstgerechtigkeit eine der beachtlichsten Leistungen des technischen Genies Wilhelm Bauer annähernd genau beschrieben hat, das Aussteigen aus gesunkenem Boot, wie es in der U-Boot-Ausbildung heute schulmäßig geübt wird und wie er es erstmals geradezu klassisch und mit vollem Erfolg durchgeführt hat – selbst ein Nichtschwimmer unter den im *Brandtaucher* Eingeschlossenen, der Matrose Witt, ist von ihm mit Umsicht und Tatkraft gerettet worden[4].

Neben den technisch bemerkenswerten Besonderheiten der Schleswig-

Holsteinischen Flotte ist, zweitens, ihre überraschend große Leistungsfähigkeit hervorzuheben. Es ist, wohlverstanden, die Leistungsfähigkeit der 826 Soldaten an Bord dieser Schiffe, respektabel allein schon angesichts der Lebensverhältnisse an Bord: die zahlenmäßig größte Besatzung – 80 Mann – hatte das Flaggschiff, der Dampfer *Bonin*, die kleinste das Dampfschraubenkanonenboot *Von der Tann*. Die ungedeckten unter den Kanonenbooten boten keine trockene Unterkunft. Jeder Riemen wurde von zwei Mann bedient. Gezielt werden mußte durch Manövrieren mit dem ganzen Boot, da die Kanonen in der Bootslängsachse vorn und achtern fest angebracht waren. Verbesserte Bedingungen für die Mannschaft boten die gedeckten Kanonenboote, unter deren Verdeck »50 Mann ein zwar enges, aber genügendes und trockenes Lager und Raum zum Essen fanden«[5].

Hier ist sodann der Leistungsfähigkeit dieser kleinen Flotte im kriegerischen Einsatz Erwähnung zu tun, die sich, von weniger bedeutenden Gefechtsberührungen April bis Juni vor der Kieler Förde und bei Sylt im Mai und Juni 1849 sowie von einer Teilnahme bei der Belagerung Friedrichstadts September/Oktober 1850 abgesehen, auf fünf Gefechte zwischen Juli und September 1850 zusammendrängt. Am 19. Juli zwangen die Kanonenboote Nr. 2 und Nr. 5 vor Heiligenhafen ein dänisches Dampfschiff und mehrere Kanonenboote zum Rückzug. Zwischen dem 20. Juli und dem 16. September versuchte die »Westsee-Division«, der Dampfer *Kiel* mit den Kanonenbooten Nr. 4, 8 und 11, vergeblich, die dänische Besetzung der Insel Föhr zu verhindern. In ziemlich aussichtsloser Lage brach die kleine Flottille durch den Einschließungsring zweier dänischer Dampfer, einer Korvette und mehrerer Kanonenboote und schoß den einen der beiden Dampfer, die *Geyser*, kampfunfähig. Am 21. Juli bemühte sich die *Von der Tann*, unter Ausnutzung ihres geringen Tiefgangs im Schutz der Küstenbatterien ihren Heimathafen Neustadt zu erreichen, war anfangs gegen einen dänischen Dampfer und eine dänische Korvette erfolgreich, mußte dann aber wegen Grundberührung und Manövrierunfähigkeit von der Besatzung verlassen und gesprengt werden. Am selben Tage vertrieben *Bonin* und *Löwe* mit drei Kanonenbooten den *Holger Danske* (11 Kanonen), der von insgesamt drei großen dänischen Kriegsschiffen am weitesten in die Kieler Förde eingedrungen war. Am 16. August gerieten *Löwe, Bonin* und 4 Kanonenboote bei Bülk in den Feuerbereich zweier großer dänischer Kriegsschiffe, erlitten Schäden und Menscheneinbußen und blieben vor der Explosion der Pulverlast eines der Boote durch die Tapferkeit eines Feuerwerkers verschont, der den Funkenflug in die Pulverkammer mit dem Risiko der Selbstaufopferung erstickte. Nach der Schilderung dieses Vorgangs durch Detlev von Liliencron soll der Feuerwerker abschließend geäußert haben: »Da kann einem de Pust bi utgahn, Herr Leutnant.«

Der Leistung der Schleswig-Holsteinischen Flotte und ihrer Besatzungen ist, drittens, die Leistung zuzuordnen, die durch die Flotte selbst verkörpert worden ist. Es bedarf hierfür zunächst noch einmal eines Blicks auf die Kosten, die diese Flotte verursacht hat. Der von mir zur Veranschaulichung auf heutigen Geldeswert hochgerechnete Preis von über 550 000 Mark schleswig-holsteinisch Courant gleich etwa 7½ Mio. DM der Kaufkraft von 1979 – man kann auch den Preis für ein Einzelfahrzeug vergleichen und kommt dann auf knapp 300 000 DM heutigen Geldwertes für ein Kanonenboot von 1850 gegenüber 370 Mio. desselben Geldwertes für eine Fregatte von 1979, das heißt das mehr als Tausendfache – der Preis für die schleswig-holsteinischen Schiffe erweist sich dadurch trotzdem keineswegs als besonders niedrig. Das gilt auch angesichts des jedem Wirtschaftshistoriker wohlbekannten Risikos, durch bloße Zahlenvergleiche die sozialen Leistungen, ihre Aufwendung für bestimmte Objekte und deren Effizienz zu verschiedenen Zeiten und in verschiedenartigen Gesellschaftsordnungen miteinander in Wertungsbeziehungen setzen zu wollen. Der Aufwand, die – meßbaren – Bemühungen um das Zustandekommen einer kleinen Flotte von 12 überwiegend hölzernen, nur je 20 Meter langen, wenn auch gewiß Fahrzeug für Fahrzeug sehr solide gebauten Booten war hoch. Er war es, unter anderem, weil das Ziel hoch gesteckt war[6].

Nach der Zusammenstellung der Marinekommission, der dem Department des Kriegswesens unterstellten Behörde, machten die Kosten für die Flotte bei weitem den größten Teil der für die schleswig-holsteinische Marine insgesamt aufgewandten Kosten aus; eine genaue Aufstellung dieser Gesamtkosten ist im Schleswig-Holsteinischen Landesarchiv erhalten und führt auch die Beträge für die Schiffswerft bei Kiel – ungefähr genau an der Stelle des heutigen großen Hohwaldt-Docks –, Laboratorium, Hospitäler, Kasernen, Pulvermagazine und Küstenbatterien auf, insgesamt 126 000 Mark Courant. Die Flotte kostete also mehr als das Vierfache aller übrigen Marineeinrichtungen einschließlich Werft, Kasernen und Landbefestigungen. Allerdings: die weniger spektakulären und auch weniger populären Landeinrichtungen hatte der Staat allein zu finanzieren; die Flotte erstand zu einem nicht unwesentlichen Teil aus Spenden. Der Bau der vier Kanonenboote Nr. 3, 6, 9 und 12, die ersten mit dem Ziel einer Flottenbildung erstellten Neubauten überhaupt, wurde durch eine Sammelaktion des »Ausschusses für die Errichtung der deutschen Flotte« finanziert, der sich in Kiel 1848 gebildet hatte; die Sammlung brachte 82 000 Mark Courant aus weit überwiegend schleswig-holsteinischen Beiträgen, aber auch aus dem übrigen Deutschland und aus Rio de Janeiro ein[7]. Dem Ausschuß gehörten die Besitzer der Firma Schweffel und Howaldt an; Johann Schweffel überließ der Marine das Dampfboot *Löwe* monatelang zur kostenlosen Dienstleistung; Marineeigentum wurde es erst im November 1849[8]. Der »Frauenverein zur Mitbegründung einer Deutschen Flotte in Rendsburg«, auch »Verein von Frauen und Jungfrauen in Rendsburg« genannt, brachte durch Sammlungen im ganzen Lande knapp 17 000 Mark Courant auf und ließ davon das Kanonenboot Nr. 11 bauen, demgemäß auf den Namen »Frauenverein« getauft. Von den lokalen Flottenvereinen wurden insgesamt weitere 55 000 Mark Courant gesammelt, ungerechnet 600 Mark Courant, die von Privaten als Anfangsfinanzierung des *Brandtauchers* zusammengebracht wurden, weil die Regierung »die Kosten der Anfertigung (des) Apparats nicht auf die Gefahr der Staatskasse übernehmen zu können« glaubte und dem Unteroffizier Bauer anheimstellte, er möge sich an private Geldgeber halten. Da die Finanzierung einer dienstlichen Tätigkeit mit privaten Spenden aber auch bei der schleswig-holsteinischen Marine nicht mit dem Reglement hätte vereinbart werden können, bekam Bauer vier Wochen Urlaub – das erste deutsche U-Boot ist eine Freizeitproduktion gewesen[9]. – Wie aus alledem ersichtlich, waren etwa 8 oder 9 Fahrzeuge der Schleswig-Holsteinischen Flotte, nach Anzahl also knapp zwei Drittel ihres Bestandes, vom Volk finanziert.

Das führt uns, viertens, zu der Frage, was sich das Volk denn von einer derartigen militärischen Großunternehmung erhoffte. Der Professor Christiansen, der die Flotte ja als erster in der schleswig-holsteinischen Landesversammlung gefordert hatte, tat dies mit dem Hinweis auf die dringend notwendige Verteidigung von Schiffahrt und Reederei und überhaupt auf die besondere Gefährdung des Küstenlandes Schleswig-Holstein. Das ist nichts unbedingt Neues für Schleswig-Holstein gewesen. Wallenstein hatte im Jahre 1627 ganz gleichartige Erfahrungen gemacht und die Verfügbarkeit einer Flotte zur Sicherung der Küsten gegen Dänemark für unentbehrlich gehalten[10]. Allerdings fehlte es auch

1850 noch an Wesentlichem; zum Beispiel gab es in Kiel keinen angemessenen Schutz der Förde. Was dem Franzosen Paul Verne, dem jüngeren und weniger prominenten Bruder des Utopisten Jules Verne, im Sommer 1881 nach einer Fahrt durch den Eiderkanal (eingerichtet 1777–1784, Kiel–Tönning) beim Besuch Kiels selbstverständlich erschien, die sorgsame und zweckmäßige Sicherung der Fördeeinfahrt[11], gab es 1850 noch nicht. Was dieser Mangel für Gefahren mit sich brachte, was seine Behebung für Vorteile versprach und aus welcher Geisteshaltung dagegen Hindernisse erwuchsen, das illustrieren am besten die Vorgänge um die Explosion einer Mine im April 1848, die durch Unvorsichtigkeit in Friedrichsort ausgelöst worden war und beträchtlichen Glas- und Dachschaden zur Folge hatte. Die Mine gehörte zu den von dem preußischen Artillerieleutnant Werner von Siemens erfundenen Unterwasser-Sprengkörpern, die von Land aus im Falle feindlichen Eindringens in den Kieler Hafen gezündet werden konnten. Sogleich erschien der General Prinz Friedrich von Noer, militärischer Fachmann der Provisorischen Regierung und früherer Statthalter in den Herzogtümern, und leitete ein Gespräch ein, das wie folgt ablief: »Zum Teufel, was haben Sie gemacht, Hauptmann?« – »Ein schönes physikalisches Experiment.« – »Aber verdammt kostspielig! Über 5 000 Pfund Pulver, so schon knapp!« – »Durchlaucht sind (aber) doch nun überzeugt, daß der zündende Funke sich durch Wasser hindurchleiten läßt; Kiel ist durch die Mine bei der Badeanstalt (Düsternbrook) geschützt.« In seinem Bericht an den Kieler Stadtkommandanten fügte v. Siemens noch zu, der Schreck habe seine Leute veranlaßt, zu den Waffen zu eilen; das ganze sei ein vorzüglicher Beweis für die rasche Abwehrbereitschaft der Truppe gewesen. Überdies behielt Siemens in seinem Optimismus recht: In Kopenhagener Zeitungen wurde bald darauf die Vermutung geäußert, der Hafen Kiel sei mit Minen gepflastert; die dänischen Blockadeschiffe verließen die Außenförde und wagten sich auch künftig nicht mehr weit hinein[12].

Die Sorge um den Kieler Hafen, wie sie in solchen und vielen anderen Episoden der späten 1840er Jahre hervortritt, bedarf einer Erklärung. Die Übersiedelung des preußischen Marine-Stationskommandos von Danzig nach Kiel fand erst 1864 statt; vom damaligen Schleswig-Holstein-Kanal heißt es gelegentlich, er sei nur für »die Bedürfnisse der damaligen Binnenschiffahrt zugeschnitten« gewesen[13]. Die Seekriegsgeschichte der Schleswig-Holsteinischen Flotte, so kurz und bescheiden sie sich ausnimmt, spricht da eine andere Sprache. Die Schnelligkeit und

Zielstrebigkeit in der Planung und Durchführung der »Westsee-Expedition« im April 1849 sowie anderer Unternehmungen, bei denen der alte Schleswig-Holstein-Kanal von Kiel zur Eidermündung genutzt wurde, bekunden die Fähigkeit der Marineleute, die seetaktischen Möglichkeiten des Küstenlandes Schleswig-Holstein zu begreifen und die Unzulänglichkeiten in der Küstenverteidigung zu überwinden. Die Schleswig-Holsteinische Flotte ist zwar nach Größe und Beschaffenheit wesentlich davon bestimmt gewesen, was finanziell und praktisch erreichbar war; im Rahmen dessen ist sie aber sehr wirksam eingesetzt und dabei den Gewässer-, Hafen- und Küstengegebenheiten des Landes gut angepaßt worden.

Gute Kenntnis der besonderen Küstenverhältnisse Schleswig-Holsteins und andererseits herbe Worte über die militärische Bürokratie an Land und ihre komplizierte Verquickung hört man aus den Berichten des zunächst in der Westsee und später die ganze Marine kommandierenden Leutnants Johann Ernst Kjer. Kjer war Schiffsführer und Mitglied der dreiköpfigen Marinekommission (gegr. 1. 2. 1849), der das gesamte Marinepersonal unterstand; mit ihm saßen ein Reeder und ein Ingenieur-Major in der Kommission. Solche Persönlichkeiten, ihre Erfahrungen und ihre Sachkompetenz in Seefahrts- und Seeverteidigungsangelegenheiten sind es, die das abgünstige, ohnehin mit hochfahrender Ironie vollgestopfte Urteil des Prinzen Noer als eine Ungerechtigkeit empfinden lassen. Gewiß, Prinz Noer hatte recht, wenn er den Bau einer schleswig-holsteinischen Flotte als hohe finanzielle Belastung für die Herzogtümer abtat – sie war es – und wenn er fürchtete, man baue in den Herzogtümern Schiffe letzten Endes nur für die dänische Marine – dahin kam es durch die Ablieferung am 11. Januar 1851, und er hatte auch recht mit seiner Skepsis gegenüber der Bildung einer deutschen Marine – so recht, wie kurzlebig denkende Pessimisten immer haben. Die schleswig-holsteinische Bevölkerung ist in ihrer Spontaneität für die Flotte nicht von Pessimisten wie Noer beeinflußt worden. Die Begeisterung trug sie zwar über manches Sachproblem hinweg, aber was man wollte, war jedenfalls nicht klein und nicht trivial. Die Spendenaktion war ins Werk gesetzt vom »Ausschuß für die Errichtung der deutschen Flotte», der nach seinen Statuten »die Herstellung einer deutschen Kriegs-Flotte vorbereiten« sollte, die Spenden gingen ein von Vereinen und Gruppen, die sich zur Unterstützung einer deutschen Flotte gebildet hatten, und als am 20. Oktober 1848, nach Inkrafttreten des Waffenstillstandes von Malmö (26. 8. 1848), für die Handelsschiffe die schleswig-holsteinische Flagge vorgeschrieben wurde, da blieb es für die Kriegsschiffe bei der deutschen, schwarz-rot-goldenen: sie sollten Teil der künftigen Reichsflotte sein.

Das führt uns zur letzten unserer Fragen: War die kleine, aus ein paar Holzbooten und einigen Hilfsfahrzeugen bestehende Flottille von 1848 bis 1851 schleswig-holsteinisch oder deutsch?

Die Geschichte der schleswig-holsteinischen Marine-Verwaltung verläuft in diesen Jahren in zunehmend regionalistischer Verengung und in immer deutlicherer Abkehr von dem Verfassungsgrundsatz, daß die Flotte eine deutsche, eine Sache des Reiches sei. Am 22. Oktober 1848 wurde die Provisorische Regierung durch die Gemeinsame Regierung abgelöst, die mit Ministerien (Ministerial-Departements) regierte. Am 1. Februar 1849 wurde, als Abteilung des Ministerial-Departements für das Kriegswesen, die Marine-Kommission eingesetzt. Die Gemeinsame Regierung betonte mehr als ihre Vorgängerin die Seeverteidigung. Durch die Marinekommission wurden die Zuständigkeiten des Landes für die Marine verstärkt und betont; die eingeschränkten schleswig-holsteinischen Belange und Möglichkeiten fanden schließlich nach Ablauf des Waffenstillstands von Malmö (5. 4. 1849) Ausdruck in der zunehmenden Beschränkung auf Territorial- und Küstenverteidigung.

Die Begeisterung der ersten Monate war entfacht gewesen von einem Aufruf für die Bildung einer deutschen Flotte des »Kieler Ausschusses«, dem drei Professoren (Christiansen, Olshausen, Lorenz Stein), zwei Industrielle (Johann Schweffel und August Ferdinand Howaldt) und ein Syndicus (Christensen) angehörten. Stein war sodann Vertreter Kiels beim Kongreß für eine deutsche Kriegsmarine in Hamburg vom 1. bis zum 9. Juni 1848, der von Regierungsvertretern aller Küstenländer besucht war. Wie bei manchen Kongressen, so hat auch bei diesem der personale Aufwand nicht recht dem schließlichen Ergebnis entsprochen, das eben darauf hinauslief, die dänische Bedrohung sei letzten Endes Schleswig-Holsteins Sache.

Indessen ist ebendieser Kongreß das Gremium für Darlegungen und Entwürfe des Nationalökonomen Lorenz Stein[14] gewesen, die weit über Schleswig-Holstein hinauswiesen: der Aufbau einer Marine, die Friedensaufgaben für ein politisch einiges deutsches Volk werde wahrnehmen müssen: den Handelsschutz, diplomatische Funktionen und die Übung des Personals, der auf Kiel als den bestgeeigneten Schiffbauplatz hinwies und den Ausbau des alten Schleswig-Holstein-Kanals auf die neue Strecke Hanerau–Brunsbüttel empfahl – 1848! – sowie Wilhelmshaven als bestgeeigneten Standort der Marine in der Westsee nannte. Lorenz von Stein hat mit seinen Darlegungen damals ein Prinzip verfochten, dem er lebenslang treu geblieben ist: Beachtung und Würdigung der regionalen Besonderheiten, Dynamik und progressives Denken auf dem Wege zur staatlichen Gemeinschaft. Er hat, in der Verbindung von beidem, die beiden Hindernisse zu überwinden versucht, die in Deutschland dem nationalen maritimen Interesse im Wege standen: die mangelhafte Entwicklung und Verbreitung eines maritimen Bewußtseins in der Bevölkerung, und die erheblichen sozialen, geographischen und historischen Unterschiede in den deutschen Häfen und Küstengebieten. Das erste dieser Hindernisse ist 1848 beseitigt worden, das zweite, der Widerspruch zwischen Partikularinteressen und Gesamtstaat, dagegen nicht.

Anmerkungen

1 Das Offizier-Corps der Herzoglichen Schleswig-Holsteinischen Armee und Marine 1850/51; Josef Zienert: Die Schleswig-Holsteinische Marine 1848 bis 1851. In: Marine-Rundschau 1976/4, S. 227–233.
2 Die Darstellung der Schleswig-Holsteinischen Marine liegt seit kurzem in einer wünschenswert klaren und umfassenden Zusammenstellung von Gerd Stolz vor, der unbekanntes Archivgut ausgewertet hat (Die Schleswig-Holsteinische Marine, 1848–1852, Heide 1978).
3 So in der Jubiläumsschrift »100 Jahre Howaldt«, 1938 (vgl. Stolz, S. 59).
4 Stolz, S. 92 f.
5 Stolz, S. 17, 23.
6 Hierzu S. 7–10 meines in der Eingangsnote * zitierten Aufsatzes »Seemacht und Nationalstaat«.
7 Stolz, S. 16.
8 Stolz, S. 39.
9 Stolz, S. 23, 88.
10 Vgl. Helge Bei der Wieden: Die kaiserliche Ostseeflotte 1627–1632. In: Aus tausend Jahren mecklenburgischer Geschichte. Festschrift für Georg Tessin (Schriften zur mecklenburgischen Geschichte, Kultur und Landeskunde 4/1979), S. 68 f.
11 Paul Verne: Von Rotterdam nach Kopenhagen an Bord der Dampfyacht *Saint Michel.* In: Jules Verne, Schule der Robinsons, Frankfurt 1978, S. 454.
12 Stolz, S. 18 ff.
13 Kommentar von Heiko Postma zu Paul Verne, a.a.O., S. 561.
14 Andrea Boockmann, Lorenz von Stein: 1815–1890 (Berichte und Beiträge der Schleswig-Holsteinischen Landesbibliothek, 1980), besonders S. 29–32 betr. die Nachlaßfaszikel »Congress für eine deutsche Kriegsmarine in Hamburg 1.–9. 6. 1848« und »Der Bau eines Schleswig-Holsteinischen Kanals«.

Arnold Kludas

Die Kriegsschiffe des Deutschen Bundes 1848 bis 1853

Die erste deutsche Reichsflotte setzte sich nach den verfassungsmäßigen Voraussetzungen aus fünf Einzelbestandteilen zusammen:

1. der schleswig-holsteinischen Flottille,
2. der österreichischen Marine,
3. der preußischen Marine,
4. der Hamburger Flottille und
5. der neuzubeschaffenden Bundesflotte.

In der Praxis verfügte Admiral Brommy jedoch zu keiner Zeit über die schleswig-holsteinischen, die österreichischen und die preußischen Schiffe, sondern lediglich über die vom Bund angeschafften Einheiten sowie über die Fahrzeuge der Hamburger Flottille, die am 14. Oktober 1848 der Bundesflotte übergeben worden war[1]. Nur die den Rubriken 4 und 5 zugeordneten Schiffe sind im folgenden gemeint, wenn von der Flotte des Deutschen Bundes die Rede ist. Und nur diese Schiffe waren es auch, die 1852/53 wegen fehlender finanzieller Mittel veräußert werden mußten. Bis auf zwei Einheiten gingen die Schiffe in zivilen Besitz über, zum großen Teil sogar ins Ausland. Damit verschwanden die Schiffe aus den offiziellen deutschen Listen und gerieten schnell in Vergessenheit.

Während über die Einheiten der schleswig-holsteinischen Flottille und der preußischen Marine lückenlose technische Angaben und vollständige Lebensläufe vorlagen, gab es bisher solche Schiffsbeschreibungen für die Brommy-Flotte noch nicht. Wie wenig man über diese Schiffe wußte bzw. für wie wenig erwähnenswert man sie hielt, zeigt ein Blick in die einschlägige Literatur. In den vielen Veröffentlichungen, die bis in die 1960er Jahre über die erste deutsche Flotte erschienen, kamen die Schiffe nur am Rande vor. Selbst ein die deutschen Kriegsschiffe des Zeitraums

1815–1936 behandelndes Standardwerk erwähnt die Marine des Deutschen Bundes kaum und ihren Schiffspark gar nicht[2]. In der erweiterten Neuausgabe dieses Werkes, die 1966 erschien, gab Erich Gröner dann zum erstenmal Beschreibungen von Schiffen der Bundesflotte[3]. Zwar fehlen die Segelschiffe *Deutschland* und *Franklin*, und die 27 Ruderkanonenboote sind nur summarisch erwähnt, für die übrigen Einheiten wurden jedoch mit Sorgfalt technische und historische Daten zusammengetragen. Trotz einiger fehlender Einzelangaben war hier eine Basis geschaffen worden, auf die sich spätere Arbeiten stützen konnten.
Friedrich Jorberg, der wie Gröner ehrenamtlicher Mitarbeiter des ehemaligen Museums für Meereskunde in Berlin gewesen war, bemühte sich seit 1966 um die weitere Vervollständigung der Unterlagen. Seine Materialsammlung zu diesem Komplex ist erhalten geblieben und gelangte mit seinem maritimen Nachlaß in den Besitz des Deutschen Schiffahrtsmuseums[4]. Das Konvolut enthält Briefe des Staatsarchivs Hamburg, des Bundesarchivs Frankfurt und des Staatsarchivs Bremen aus dem Jahr 1967, die spärliche Angaben zu den Ruderkanonenbooten enthalten und die im übrigen belegen, daß weitere als die im Gröner veröffentlichten Fakten über die Schiffe der Bundesflotte in diesen Archiven nicht zu finden sind. In den vielen handschriftlichen Aufzeichnungen Jorbergs finden sich zu *Franklin* und *Deutschland* keine weiterführenden Angaben. Interessant sind jedoch Notizen über zwei sonst nicht genannte Schiffe und über Neubauaufträge und Ankäufe der Bundesflotte. Für die Hamburger Flottille nennt Jorberg ein Segelschiff *Johanna*, das die Reederei Sloman zur Verfügung gestellt haben und das vor Oktober 1848 an diese zurückgegangen sein soll. Dies bleibt insofern geheimnisvoll, als in Hamburg nie ein Schiff *Johanna* für Sloman eingetragen war. Für die Bundesflotte gibt es in der Jorberg-Liste das Transportschiff *Phoca*, eine Tjalk, deren Umbenennung in *Theodor Preusser* geplant gewesen sei. Schließlich werden drei (Dampf-)Korvetten-Neubauten – zwei 550 und eine 850 t groß – in England und der Ankauf eines Dampfschiffs aus den USA aufgelistet. Leider hat Jorberg für alle diese Notizen keine Quellenangaben hinterlassen.
Die Eröffnung der Abteilung »Deutsche Marine« im Deutschen Schiffahrtsmuseum gab den Anlaß, in einigen Aufsätzen[5] der ersten deutschen Flotte zu gedenken, die ja ihre Stützpunkte an der Weser hatte. Schließlich gaben im Sommer 1979 zwei miteinander verwobene Ereignisse der Forschung um die Bundesflotte entscheidende neue Impulse. Im Deut-

schen Schiffahrtsmuseum wurde die Sonderausstellung »Die erste deutsche Flotte« eröffnet. Das Deutsche Schiffahrtsmuseum veröffentlichte aus diesem Anlaß eine Schrift, in der jene Zusammenstellung erschien, die die Grundlage der folgenden Schiffsliste bildet[6]. Für jene Arbeit waren die noch vorhandenen Lücken zu schließen. Für *Deutschland, Franklin* und für verschiedene Einzelfragen war das aus Literatur möglich, die von Gröner seinerzeit noch nicht herangezogen werden konnte[7]. Die Klärung der Endschicksale der sechs an die General Steam Navigation Company verkauften Radkorvetten konnten durch Vermittlung des Central Record der World Ship Society aus dem Public Record Office in Kew, Surrey, und durch Auskünfte des Archivs der P & O Steam Navigation Company in London geklärt werden[8].

Anmerkungen

1 Die Schiffe wurden am 14. Oktober in Hamburg übergeben und am folgenden Tag auf der Weser in Dienst gestellt.
2 Erich Gröner: Die deutschen Kriegsschiffe 1815–1936. München 1936.
3 Erich Gröner: Die deutschen Kriegsschiffe 1815–1945. 2 Bde. München 1966 und 1968.
4 Konvolut »Deutsche Bundesflotte 1848« aus dem Nachlaß Jorberg. Archiv Deutsches Schiffahrtsmuseum, III A 852/2.
5 In: Niederdeutsches Heimatblatt, Mai 1977, Nr. 329.
6 Arnold Kludas: Die Schiffe der deutschen Bundesflotte 1848–1853. In: Deutsche Marine. Die erste deutsche Flotte (Führer des Deutschen Schiffahrtsmuseums Nr. 10). Bremerhaven 1979.
7 Noel R. P. Bonsor: North Atlantic Seaway. Vol. 1. Newton Abbot 1975.
Ernst Hieke: Rob. M. Sloman jr. Hamburg 1968.
Walter Kresse: Seeschiffsverzeichnis der Hamburger Reedereien 1824–1888. Teil 1–3. Hamburg 1969.
8 Korrespondenz aus dem Frühjahr 1979 mit Aktenkopien im Besitz des Verfassers.

Die nachstehende, inzwischen noch ergänzte Liste stellt die erste zusammenfassende Veröffentlichung über die technischen Daten und die Geschichte der ersten deutschen Flotte dar:

Barbarossa (1851),
ähnlich: *Erzherzog Johann*

Barbarossa

Hölzerne Fregatte, Raddampfer
Erbaut bei Robert Duncan in Greenock, Schottland
1313 t / 64,7 m Länge ü. A. / 9,3 m Breite (16,5 m ü. Radkästen) / 6,8 m Seitenhöhe / 5,2 m Tiefgang / zwei Einzylinder-Seitenbalanciermaschinen von Robert Napier, Glasgow / 1500 PSi / 9 kn / vier Kofferkessel, 1 atü / Bewaffnung: neun 68-Pfünder-Bombenkanonen / Besatzung: 200 Mann

1840 5. Februar: Stapellauf als Passagierdampfer *Britannia* für die British & North American Royal Mail Steam Packet Company, Liverpool (besser bekannt als Cunard Line). 1135 BRT, Einrichtungen für 115 Passagiere I. Klasse.
4. Juli: Jungfernreise Liverpool – Halifax – Boston. Die *Britannia* war der erste im regelmäßigen Liniendienst verkehrende Transatlantikdampfer.
1847 14. September: Bei Cape Race gestrandet; mit leichten Beschädigungen freigekommen und in New York repariert.
1849 Januar: Nach 40 Transatlantik-Rundreisen an die deutsche Bundesflotte verkauft.
12. März: Ab Liverpool nach Bremerhaven, wo das Schiff am 19. März eintrifft. Zum Kriegsschiff umgerüstet und in *Barbarossa* umbenannt. Bis zum 18. März 1850 Flaggschiff der Bundesflotte.
4. Juni: Zusammen mit *Hamburg* und *Lübeck* von Bremerhaven in die Deutsche Bucht ausgelaufen, um dänische Blockadeschiffe anzugreifen. Vor Helgoland kommt es zu einem Schußwechsel mit der dänischen Segelkorvette *Valkyrien,* dem einzigen Gefecht der Bundesflotte.
1851 Die bisherige Schonertakelage wird durch Briggtakelung ersetzt.
1852 6. Juni: Übergabe an die Preußische Marine. Als Wohn- und Wachschiff in Danzig eingesetzt. Bei der Königlichen Werft in Danzig umgebaut, dabei wird der Schornstein demontiert.
1865 Verkauf der schrottreifen Maschinen. Als Wohnhulk nach Kiel verlegt.
1880 5. Mai: Außerdienststellung.
28. Juli: Als Zielschiff durch Torpedo von SMS *Zieten* versenkt. Das Wrack wird später gehoben und in Kiel abgewrackt.

Bremen

Hölzerne Korvette, Raddampfer
Erbaut bei Johann Marbs in Hamburg
350 t / 55,8 m Länge ü. A. / 6,8 m Breite (12,7 m ü. Radkästen) / 4,6 m Raumtiefe / 2,9 m Tiefgang / zwei liegende oszillierende Einzylindermaschinen von Fawcett, Preston & Co., Liverpool / zwei Kofferkessel / 700 PSi / 8 kn / Bewaffnung: eine 36-Pfünder-, eine 32-Pfünder- und zwei 18-Pfünder-Bombenkanone(n) / Besatzung: 100 Mann

1842 22. Juni: Stapellauf als Fracht- und Fahrgastschiff *Leeds* für die Hanseatische Dampfschifffahrts-Gesellschaft in Hamburg. Ca. 450 BRT.
11. Juli: Ausstellung des Bielbriefes. In der Hamburg-England-Fahrt eingesetzt.
1848 23. Juni: Ankauf durch die Hamburgische Admiralität für die Hamburger Flottille der deutschen Bundesflotte.
15. Oktober: Als *Bremen* von der Bundesflotte übernommen.
15. Dezember: Indienststellung.
1852 12. Dezember: In Brake an die General Steam Navigation Company, Limited, London, verkauft.
1853 März: Als *Hanover* in die nordeuropäische Fahrt eingestellt. 519 BRT.
1865 Februar: Aufgelegt.
1868 Februar: Zur Kohlenhulk abgetakelt.

Der Königliche Ernst August
Hölzerne Korvette, Raddampfer
Erbaut bei Wm. Patterson in Bristol

580 t / 55,5 m Länge ü. A. / 9,7 m Breite (17,1 m ü. Radkästen) / 5,0 m Raumtiefe / 4,0 m Tiefgang / zwei liegende oszillierende Einzylindermaschinen von Miller & Ravenshill, London / drei Kofferkessel, 1 atü / 950 PSi / 9 kn / Bewaffnung: sechs 68-Pfünder-Bombenkanonen / Besatzung: 150 Mann

1848 Stapellauf des im neutralen England für die deutsche Bundesflotte bestellten Schiffes unter dem Tarnnamen *Cora.*
Oktober: In Bremerhaven als *Der Königliche Ernst August* in Dienst gestellt.
1852 12. Dezember: In Brake an die General Steam Navigation Company, Limited, London, verkauft.
1853 März: Als *Edinburgh* in die Fahrt zwischen England und europäischen Häfen eingestellt. 741 BRT.
1855 März: In Varna, Bulgarien, verlorengegangen.

Deutschland
Hölzerne Fregatte, Vollschiff
Erbaut in Chittagong, Ostindien

267 Commerzlasten / 37,8 m zw. Steven / 9,8 m Breite / 6,6 m Raumtiefe / Bewaffnung: vierzehn 32-Pfünder- und vierzehn 18-Pfünder-Bombenkanonen / Besatzung: 230 Mann

1818 Stapellauf als *Alfred.*
1845 In Valparaiso durch Joh. Ces. Godeffroy & Sohn, Hamburg, angekauft. Umbenannt in *Cesar Godeffroy.*
1848 Der Hamburger Flottille der Bundesflotte zur Verfügung gestellt und in *Deutschland* umbenannt.
14. Oktober: Von der Kommission der Bundesflotte als ungeeignet abgelehnt.
21. Dezember: An die deutsche Bundesflotte verkauft. Einsatz als Schulschiff der Bundesflotte.
1849 Von Hamburg nach Brake überführt, danach in der Geeste aufgelegt.
1852 18. August: In Brake von Hannibal Fischer als erstes Schiff der Bundesflotte versteigert. Für 15 % des Schätzwertes an die Bremer Firma Roessingh & Mummy.
Nach London weiterverkauft, dort von 1854 bis 1857 in Lloyd's Register verzeichnet, zuletzt ohne Heimathafen.
1858 Aus dem Register gestrichen.
Nach nicht belegten Angaben ist das Schiff mit einer Kohlenladung nach Ostasien gesegelt und später in der chinesischen Marine verwendet worden.

Gefion (1852)

Eckernförde

Hölzerne Fregatte, Vollschiff
Erbaut bei der Neuen Königlichen Werft in Kopenhagen

1385 t / 59,4 m Länge u. A. / 13,5 m Breite / 9,2 m Seitenhöhe / 5,7 m Tiefgang / Bewaffnung: zwei 60-Pfünder- und sechsundvierzig 24-Pfünder-Kanonen / Besatzung: 420 Mann

1843 27. September: Stapellauf als *Gefion* für die dänische Marine.
1846 Indienststellung.
1849 5. April: Vor Eckernförde von schleswig-holsteinischen Batterien erobert.
In *Eckernförde* umbenannt und der Bundesflotte übergeben.
1852 11. Mai: Als Kompensation für die von Preußen an die Bundesflotte gezahlten Gelder an die preußische Marine.
Bei der Koninkl. Mij. »De Schelde« in Vlissingen zum Schulschiff umgebaut und als *Gefion* in Dienst gestellt. – Zahlreiche weite Reisen als Kadettenschulschiff.
1864 Als Artillerieschulschiff verwendet.
1870 Wohnschiff in Kiel.
1880 5. Mai: Außerdienststellung.
Der Rumpf wird als Kohlenhulk genutzt.
1891 Bei der Kaiserlichen Werft in Kiel abgewrackt.

Erzherzog Johann

Hölzerne Fregatte, Raddampfer
Erbaut bei John Wood in Port Glasgow
1313 t / 64,7 m Länge ü. A. / 9,3 m Breite (16,5 m. ü. Radkästen) / 6,8 m Seitenhöhe / 5,2 m Tiefgang / zwei Einzylinder-Seitenbalanciermaschinen von Robert Napier, Glasgow / vier Kofferkessel, 1 atü / 1500 PSi / 9 kn / Bewaffnung: neun 68-Pfünder-Bombenkanonen / Besatzung: 200 Mann

1840 April: Stapellauf als Passagierdampfer *Acadia* für die British & North American Royal Mail Steam Packet Company (Cunard Line), Liverpool. 1154 BRT; Einrichtungen für 115 Fahrgäste I. Klasse.
4. August: Jungfernreise im Liniendienst Liverpool – Halifax – Boston.
1849 Januar: Nach 33 Atlantik-Rundreisen an die deutsche Bundesflotte verkauft.
9. März: Ab Liverpool zur Überführungsfahrt nach Bremerhaven.
12. März: Bei Terschelling gestrandet; einige Tage später abgeborgen.
25. März: Ankunft in Bremerhaven.
Nach Umbenennung in *Erzherzog Johann* werden bis 1851 Reparatur- und Umbauarbeiten im Braker Trockendock ausgeführt, in deren Verlauf die Bark- auf Schonerbriggtakelung umgestellt und 1850 das Spiegelheck zum Rundheck umgebaut wird. Der Dampfer wird jedoch nicht als Kriegsschiff fertiggestellt.
1853 16. März: Die Bremer Firmen W. A. Fritze und Karl Lehmkuhl erwerben das Schiff und lassen es zum Nordatlantik-Fahrgastschiff umbauen.
2. August: Unter dem Namen *Germania* tritt es die erste Bremerhaven–New York-Reise eines Bremer Dampfers an.
1854 Oktober: Nach vier Rundreisen in Bremerhaven aufgelegt.
1855 März: An die britische Regierung verchartert und bis zum Ende des Krimkrieges als Transporter No. 207 eingesetzt.
1856 Juli: Wieder in Bremerhaven aufgelegt.
1857 Oktober: Die Eigentümer versuchen, die *Germania* in Southampton an die East India Company zu verchartern, die wegen des Aufstandes in Indien Tonnage benötigt, die *Germania* aber wegen ihres schlechten Zustands zurückweist. – Daraufhin verkaufen Fritze und Lehmkuhl das Schiff zum Abwracken an Mr. Marks in Greenwich.

Großherzog von Oldenburg

Hölzerne Korvette, Raddampfer
Erbaut bei Wm. Patterson in Bristol

415 t / 50,3 m Länge ü. A. / 8,1 m Breite (14,8 m ü. Radkästen) / 4,3 m Raumtiefe / 3,2 m Tiefgang / zwei liegende oszillierende Einzylindermaschinen von Miller & Ravenshill, London / vier Kofferkessel, 1 atü / 920 PSi / 9 kn / Bewaffnung: zwei 68-Pfünder-Bombenkanonen / Besatzung: 100 Mann

1848 Stapellauf des unter dem Tarnnamen *Inca* von der deutschen Bundesflotte im neutralen England bestellten Schiffes.
1849 Frühjahr: Als *Großherzog von Oldenburg* in Dienst gestellt, nachdem im Arsenal der Seezeugmeisterei in Geestemünde die Geschütze eingebaut worden waren.
1852 12. Dez.: An die General Steam Navigation Company, Limited, London, verkauft.
1853 März: Als *Belgium* registriert und in die europäische Fahrt eingestellt.
1875 Juli: In London aufgelegt.
1877 Dezember: Zur Hulk abgetakelt.
1879 Februar: Als schwimmende Werkstatt eingerichtet.

Frankfurt

Hölzerne Korvette, Raddampfer
Erbaut bei Wm. Patterson in Bristol

448 t / 51,0 m Länge ü. A. / 8,2 m Breite (14,4 m ü. Radkästen) / 4,3 m Raumtiefe / 2,7 m Tiefgang / zwei liegende oszillierende Einzylindermaschinen / vier Kofferkessel / 700 PSi / 8 kn / Bewaffnung: zwei 68-Pfünder-Bombenkanonen / Besatzung: 100 Mann

1848 Stapellauf des im neutralen England unter dem Tarnnamen *Cacique* für die deutsche Bundesflotte bestellten Schiffes.
1849 Frühjahr: Nach Einbau der Geschütze beim Arsenal der Seezeugmeisterei in Geestemünde als *Frankfurt* in Dienst gestellt.
1852 12. Dezember: In Brake an die General Steam Navigation Company, Limited, London, verkauft.
1853 März: In London als *Holland* registriert und in der europäischen Fahrt eingesetzt.
1860 1. Februar: Auf der Themse bei Deptford mit dem Dampfer *Gertrude* aus Leith kollidiert und gesunken.
Gehoben und wieder instandgesetzt.
1876 Frühjahr: Aufgelegt.
1878 Dezember: Zum Abwracken an die Firma Messr. Castle Sons verkauft.

Franklin

Hölzerne Fregatte, Bark
Erbaut bei J. A. Meyer in Lübeck

Ca. 250 BRT / 28,1 m zw. Steven / 6,9 m Breite / 4,6 m Raumtiefe / Bewaffnung und Besatzung: nicht überliefert

1835 7. Okt.: Ausstellung des Bielbriefes auf die Reederei Rob. M. Sloman, Hamburg.
24. Nov.: Auf Johann Ludwig Werlund, Hamburg, übertragen (d. i. ein Kapitän der Reederei Sloman).
1839 21. Februar: Für Rob. M. Sloman, Hamburg, registriert. Überwiegend im Nordatlantikdienst eingesetzt.
1848 13. Sept.: Der Bundesflotte als Kriegskorvette zur Verfügung gestellt. Auf der Niederelbe stationiert.
1849 6. Februar: An Sloman zurückgegeben.
1872 Seit Ende des Jahres auf der Ausreise von Hamburg nach Brasilien verschollen.

Hamburg
Hölzerne Korvette, Raddampfer
Erbaut bei Bernhard Wencke in Bremen

380 t / 53,3 m Länge ü. A. / 6,9 m Breite (12,1 m. ü. Radkästen) / 4,9 m Raumtiefe / 3,4 m Tiefgang / zwei liegende oszillierende Einzylindermaschinen von Fawcett, Preston & Co., Liverpool / zwei Kofferkessel / 700 PSi / 8 kn / Bewaffnung: eine 56-Pfünder-, eine 32-Pfünder- und zwei 18-Pfünder-Bombenkanone(n) / Besatzung: 120 Mann

1841 6. April: Stapellauf als Fracht- und Fahrgastschiff für die Hanseatische Dampfschifffahrts-Gesellschaft, Hamburg. 520 BRT.
8. Mai: Bielbrief ausgestellt. In der Hamburg–England-Fahrt beschäftigt.
1848 23. Juni: Ankauf durch die Hamburgische Admiralität für die Hamburger Flottille der deutschen Bundesflotte.
15. Oktober: An die Bundesflotte übergeben.
15. Dezember: Indienststellung.
1849 4. Juni: Zusammen mit *Barbarossa* und *Lübeck* am Gefecht vor Helgoland gegen dänische Schiffe beteiligt, der einzigen Kampfhandlung der Bundesflotte.
1852 12. Dezember: In Brake an die General Steam Navigation Company, Limited, London, verkauft.
1853 März: Als *Denmark* in London registriert. In der europäischen Fahrt beschäftigt.
1859 Juli: Abgewrackt.

Dampf-Fregatte *Hansa*. Zeichnung von Franz Mrva

Hansa
Hölzerne Fregatte, Raddampfer
Erbaut bei Wm. H. Webb in New York

1650 t / 81,9 m Länge ü. A. / 12,2 m Breite (19,5 m ü. Radkästen) / 10,6 m Seitenhöhe / 4,7 m Tiefgang / zwei Einzylinder-Seitenbalanciermaschinen von T. F. Secor Co., New York / vier Kofferkessel, 1 atü / Bewaffnung: drei 84-Pfünder- und acht 68-Pfünder-Bombenkanonen / Besatzung: 260 Mann

1847 20. August: Stapellauf als Passagierdampfer *United States* für die Black Ball Line, New York. 1857 BRT, Einrichtungen für 100 Passagiere I. und 50 II. Klasse.

1848 8. April: Jungfernreise New York – Liverpool.
Danach im New York–Le Havre-Dienst eingesetzt.
1849 17. Februar: Ankauf durch die deutsche Bundesflotte. In New York Umbaubeginn zum Kriegsschiff.
31. Mai: Ab New York nach Liverpool, wo weitere Umbauten ausgeführt werden. Umbenannt in *Hansa*.
18. August: Ankunft in Geestemünde. Restarbeiten beim Arsenal der Seezeugmeisterei.
1850 18. März: Als neues Flaggschiff von Admiral Brommy in Dienst gestellt.
1853 16. März: An W. A. Fritze und Karl Lehmkuhl in Bremen verkauft. Umbau zum Passagierschiff.
30. August: Erste Reise von Bremerhaven nach New York.
1854 November: Nach vier Rundreisen in Bremerhaven aufgelegt.
1855 März: Während des Krimkrieges als Transporter No. 206 an die britische Regierung verchartert.
1856 Juli: In Bremerhaven aufgelegt.
1857 9. April: Auslaufen zu einer Rundreise Bremerhaven – New York. Dann während des indischen Aufstands als Transporter an die East India Company verchartert.
1858 19. Mai: An die Atlantic Steam Navigation Company (Galway Line) in Galway verkauft. Umbenannt in *Indian Empire*.
19. Juni: Antritt der ersten von zwei Rundreisen Galway–New York. Danach in anderen Fahrtgebieten eingesetzt.
1861 24. Juli: Nach Brandbeschädigungen in Deptford bei London aufgelegt.
1866 4. Mai: Leckgesprungen und gesunken.

Lübeck

Hölzerne Korvette, Raddampfer
Erbaut bei S. & H. Morton & Co. in Leith

335 t / 50,0 m Länge ü. A. / 6,5 m Breite / (12,6 m ü. Radkästen) / 4,0 m Raumtiefe / 3,4 m Tiefgang / zwei liegende oszillierende Einzylindermaschinen von Fawcett, Preston & Co., Liverpool / zwei Kofferkessel / 700 PSi / 8 kn / eine 84-Pfünder-, eine 32-Pfünder- und zwei 18-Pfünder-Bombenkanone(n) / Besatzung: 100 Mann

1844 Stapellauf als *Robert Napier* für britische Rechnung.
Bielbrief vom 31. Oktober.
1846 16. April: Ankauf durch die Hanseatische Dampfschifffahrtsgesellschaft, Hamburg. Umbenannt in *Lübeck*. In der Hamburg–England-Fahrt beschäftigt.
1847 Um 7,2 m verlängert; vorher 42,8 m Länge ü. A.
1848 23. Juni: Ankauf durch die Hamburgische Admiralität für die Hamburger Flottille der deutschen Bundesflotte.
15. Oktober: An die Bundesflotte übergeben.
15. Dezember: Indienststellung.
1849 4. Juni: Mit *Barbarossa* und *Hamburg* Teilnahme am einzigen Gefecht der Bundesflotte, dem Schußwechsel mit der dänischen *Valkyrien* vor Helgoland.
1852 12. Dezember: In Brake an die General Steam Navigation Company, Limited, London, verkauft.
1853 März: Als *Newcastle* in London registriert und in die europäische Fahrt eingestellt.
1854 März: Aufgelegt.
1858 Oktober: Abgewrackt.

Kanonenschaluppen 1–36 (1849), auf Marsch und im Gefecht

Ruderkanonenboote 1–27

Kanonenschaluppen

Erbaut auf verschiedenen Werften an Elbe, Ems und Weser, u. a. zwei Einheiten bei H. F. Ulrichs in Vegesack, zwei bei Johann Lange in Vegesack, zwei bei Joh. C. Tecklenborg in Bremerhaven und eins bei Johann Marbs in Hamburg.

Die offenen, ungedeckten Holzkraweelboote waren 18,9 m ü. A. lang, 4,9 m breit und 1,2 m tief. Sie konnten gesegelt bzw. durch 30 Riemen angetrieben werden. Bewaffnung: eine 68-Pfünder- und eine 37-Pfünder-Bombenkanone; Boot Nr. 27 hatte zwei 32-Pfünder. Besatzung: 60 Mann

Die Ruderkanonenboote entstanden in den Jahren 1848 bis 1849.
Nach Auflösung der Bundesflotte wurden die Boote Nr. 1–26, die in Vegesack lagen, für 7 % des Baupreises nach Bremen verkauft.
Das Boot Nr. 27, ehemals *St. Pauli* der Hamburger Flottille, lag in Lübeck und wurde dort verkauft.

Amazone (1852)

Mercur (1852)

Peter Galperin

Die Handwaffen der ersten deutschen Flotte

Die nachstehenden Ausführungen sind im wesentlichen von der Untersuchung der Objekte und einem waffenkundlichen Vergleich sowie der Auswertung der mir freundlicherweise vom Bundesarchiv (Außenstelle Frankfurt) überlassenen Beschaffungsakten des »Reichsministeriums« getragen – die mir zugängliche marinehistorische Literatur verdeutlichte zwar den historischen Gesamtzusammenhang, gab jedoch für waffenkundliche Feststellungen wenig her.

Die Lösung der Beschaffungsprobleme

Es läßt sich nicht leugnen, daß bei der Gründung der Reichsmarine, also auch in der Handwaffenfrage, mit »gezielter Hektik« verfahren wurde. Die Ursache dieser Eile ist in diesem Werk an anderer Stelle nachzulesen. Immerhin sollte man ergänzen, daß die Berufserfahrung des Reichsmarineministers Duckwitz, eine Grundeinstellung als kaufmännisches »Wagen un Winnen«, der erstaunlich unbürokratischen Handlungsweise wohl das Fundament verlieh.
Dabei ist der Hinweis wichtig, daß bei noch dürftigen Eisenbahnverbindungen die Laufzeiten der Korrespondenzen von Frankfurt nach Nord- oder Mitteldeutschland knapp 4 Tage betrugen, daß für die Lieferungsabschlüsse im engeren Sinne teils nur 9 Tage benötigt wurden!
Dies waren nach meiner Einschätzung die bei und mit der Waffenbeschaffung zu lösenden Probleme:

1. Der Aufbau einer Flotte in Deutschland, also auch deren Ausstattung im einzelnen, war traditionslos. Die maritimen Erfahrungen der küstenanrainenden deutschen Teilstaaten waren seit langer Zeit auf die

Kauffahrtei beschränkt, die preußische »Flotte« schwerlich ein Vorbild von Bedeutung, die österreichische Marine auf das Mittelmeer konzentriert.

2. Die europäischen Mächte standen noch in der Umrüstung von der Steinschloßwaffe zur Perkussionswaffe, die Diskussion um die Einführung der Militärbüchse (also des gezogenen Präzisionsgewehrs) verursachte infolge sich geradezu »überschlagender« Neuerungen erhebliche Unsicherheiten und – last not least – Preußen rüstete auf das Dreysesche Zündnadelgewehr um.
3. Waren aus diesen Gründen die großen staatlichen Waffenmanufakturen nicht lieferfähig, so waren die Privatindustrien der Zentren in Lüttich und Suhl außerordentlich durch die Nachfrage kleinerer Staaten wie infolge der kriegsbedingten Bestellungen der Armeen Schleswig-Holsteins und Dänemarks belastet.
4. All dies vor dem Hintergrund, aus nationalen Zwängen und mit Rücksicht auf die außenpolitische Situation die Reichsflotte umgehend einsatzbereit machen zu müssen.

Von Dezember 1848 bis Mitte Februar 1849 beschaffte sich das Ministerium für die notwendige Ausführungsdiskussion:

4 Blankwaffenmuster	der Solinger Firma Schnitzler & Kirschbaum
1 Bajonettflinte	der »Hamburger Flottille«
1 (Enter-)Säbel	der »Hamburger Flottille«
1 Enterbeil	der »Hamburger Flottille«
1 Enterpike	der »Hamburger Flottille«
1 Flinte	der preußischen Korvette *Amazone*
1 Pistole	der preußischen Korvette *Amazone*
1 Enterbeil	der preußischen Korvette *Amazone*
1 (Enter-)Säbel	der preußischen Korvette *Amazone*

Außerdem lagen die Zeichnung der preußischen »Schiffslanze« und die Privatpistole des Kapitäns Mr. Strutt der »Hamburger Flottille« vor, letztere ergänzt um einen gezeichneten Verbesserungsvorschlag.

Aus der Zusammensetzung dieser Muster erhellt, daß die Marinegründer in der Ausrüstungsfrage durchaus in Vorstellungen befangen waren, die hinsichtlich der Handwaffen bis weit in das 18. Jahrhundert zurückgingen. Dies sollte freilich nicht verwundern, da die Vorbildwirkung der großen Marinen, die der Frankreichs und Großbritanniens, in gleiche Richtung ging.

Handwaffen waren, kurz gesagt, für Entergefechte bestimmt. Dies einerseits zur Abwehr (Gewehre und Enterpiken), andererseits zum Angriff (Pistolen, Seitenwaffen und Beile). Zudem mußte der Gesamtbestand – wenn auch weniger nach der strategischen Aufgabe der Reichsflotte – Landungsunternehmen erlauben.

Was nun die grundsätzliche Konzeption anlangt – Probleme, die im wesentlichen nur die Handfeuerwaffen aufwarfen –, stand offensichtlich außer Frage, daß allein die Perkussionszündung in Betracht kam. Nach dem Erkenntnisstand der Zeit mußten es Vorderlader sein (der preußische Hinterlader galt noch als »Geheimwaffe«). Fraglich konnte sein, ob die Gewehre »glatt« oder »gezogen« sein sollten. Zeitdruck und die erwähnte allgemeine Unsicherheit über die Vor- und Nachteile der »Büchse«, am Rande wohl auch die Kostenseite, dürften für die Flinte gesprochen haben.

Für Marinehandwaffen waren damit im Grunde nur noch zwei Entscheidungen offen: Sollte die Pistole als Angriffswaffe einen »Gelenkladestock« und einen »Gürtelbügel« erhalten? Welcher Korrosionsschutz war einigermaßen seewasserbeständig?

Die erste Frage wurde nach französischem und britischem Vorbild entschieden, d. h. zugunsten von Gelenkladestock und Gürtelbügel. Im übrigen wurde, soweit nicht Beschlagteile aus Messing ausgewählt wurden, das Bräunierungsverfahren vorgeschrieben.

Die Detailausführung wurde binnen kürzester Frist mit den ausgewählten Lieferfirmen abgestimmt. Dies waren für die Blankwaffen die als preußischer Lieferant bewährte Solinger Firma Schnitzler und Kirschbaum (Firmensignum »S & K«), für die Handfeuerwaffen das einzig lieferfähige Suhler Herstellerkonsortium »S & C«. Hinter diesem Handelsnamen verbargen sich übrigens die Hersteller »Spangenberg, Sauer & Sturm«, »C. G. Haenel« und »Valentin Christoph Schilling«.

Zur Lieferbeschleunigung wurde hinsichtlich der Blankwaffen die Abnahme in der Seezeugmeisterei der Reichsflotte in Bremerhaven, bezüglich der Handfeuerwaffen – nach Abschluß einer Art »Staatsvertrages« – die Abnahme durch die königlich preußische Gewehrkommission in Suhl vereinbart.

Hier noch einige ausgewählte Daten des Beschaffungsvorganges: Am 28. Februar 1849 wurde »S & K« um ein Blankwaffenangebot gebeten, am 8. März 1849 konnte der Kontrakt ausgefertigt werden, am 10. März 1849 begannen die Verhandlungen mit »S & C«. Am 11. April 1849 (Gewehr) bzw. am 28. April 1849 (Pistole) legte »S & C« die Muster vor, und am 8. bzw. 19. Mai 1849 waren die Kontrakte unterzeichnet. Die Auslieferungen erfolgten bis Mai (Blankwaffen) bzw. Oktober (Feuerwaffen) 1849.

Diese schnellen Entscheidungen waren natürlich nur möglich, da – mit einer Ausnahme – bewährte Konstruktionen geordert wurden. Um dies einer Detailbeschreibung der einzelnen Waffen vorwegzunehmen:

- Das Marinegewehr war eine Variante der in Preußen und einigen deutschen Kleinstaaten eingeführten Perkussionsflinte.
- Der Deckoffizierssäbel folgte dem britischen Marinesäbel »Pattern 1827«.
- Der Marinesäbel entstammte dem Lieferprogramm von » S & K« und ging auf den französischen »sabre de bord modèle an XI« zurück.
- Das Enterbeil entsprach dem Muster der »Hamburger Flottille«, folgte vermutlich internationalem Standard.
- Die Enterpike dürfte gleichfalls dem Hamburger Vorbild gefolgt sein.

Blieb als eigenständige Konstruktion die Marinepistole, und es sei erinnert, daß hier die Musteranfertigung immerhin sieben Wochen in Anspruch nahm (beim Gewehr kaum vier Wochen!).

Zur Beschaffungsfrage abschließend noch einige Bemerkungen über den Lieferungsumfang:

1200 Gewehre,
1000 Pistolen,
1270 Entersäbel,
500 Infanteriesäbel,
600 Enterbeile,
300 Enterpiken

wurden nachweislich abgenommen und damit insgesamt dem internationalen Standard gefolgt (hierzu im einzelnen mein Aufsatz im »Deutschen-Waffen-Journal« 1979, Seiten 616 ff. und 766 f.). Auffällig ist die auf die reale Mannschaftsstärke der Reichsflotte bezogen hohe Zahl der Gewehre und Infanteriesäbel. Dazu später noch ein Hinweis.

Für die nachweisbaren Waffenlieferungen bezahlte die Reichsregierung – übrigens sehr schleppend – ca. 24500 Taler, mit Nebenkosten ca. 25500 Taler. Dies sehe man im Verhältnis zu den Kosten der Schiffsgefäße mit ca. 2,8 Mio. Talern. Die Herren Duckwitz und Brommy haben demnach offensichtlich bei aller Eile sparsam gewirtschaftet.

Die Marinehandwaffen im einzelnen

Das Marinegewehr M 1849
wurde aus dem preußischen Infanteriegewehr Modell 1839 entwickelt. Es unterscheidet sich von diesem konstruktiv durch den Verzicht auf eine sog. »Patentschwanzschraube« und die kürzere Bauweise. Der Lauf und das eiserne Kolbenblech waren »bronziert«. Die übrigen Beschläge bestanden aus Messing. Die einfache Visierung bestand aus einem Standvisier und dem Korn auf dem Oberbund.
Das Schloßblech war z. B. »S & C / SUHL« gestempelt, dort und auf Lauf und Schaft befanden sich auch Reichsadler und Anker.
Im ganzen entsprach die Waffe dem europäischen Entwicklungsstand, auch ist die Bajonettbeigabe für eine Marinewaffe der Zeit selbstverständlich.
Ihre Hauptdaten sind:

Gesamtlänge	ca.	133	cm
Lauflänge	ca.	94	cm
Kaliber	ca.	18	mm
Gewicht	ca.	3,7	kg

Die Marinepistole M 1849
war eine Neukonstruktion. Sie wurde beeinflußt einerseits durch Kapitän Strutt (vermutlich Hinweise auf britische Muster), andererseits im Rahmen der ministeriellen Vorgaben durch die Fertigungserfahrungen der Suhler Hersteller. So wirkt die Waffe im ganzen als eine »preußisch-britische« Gemeinschaftsarbeit. Im Kern erscheint die Waffe wie ein Bindeglied zwischen preußischen Pistolen des Modells 1823 bzw. U/M und dem späteren Modell 1850, während sich britische Einflüsse im Gelenkladestock wie im Gürtelbügel äußern. Dieses Zusammenspiel gibt der Waffe äußerst individuelle Züge, macht sie unverwechselbar und – dies eine Gefühlsäußerung – zum waffenhistorischen »Leitfossil« der Reichsmarine.
Dem Lauf ist als Zielhilfe ein eisernes Dachkorn aufgesetzt. Kolbenkappe, Abzugbügel, Seitenblech und Bund bestehen aus Messing. Die Eisen- bzw. Stahlteile sind »bronziert«.
Literaturmeinungen, die eine Weitergabe dieser Pistolen an die preußische Marine unterstellen, treffen nicht zu. Auch ist die Bezeichnung »Modell 1848« nach der Beschaffungsgeschichte nicht korrekt.

Ihre Hauptdaten sind:

Gesamtlänge	40 cm
Lauflänge	23,5 cm
Kaliber	15,5 mm
Gewicht	1,2 kg

Die Marine-Offiziers-Säbel

waren lt. Reglement »britischen Musters«, doch dürften de facto die Offiziere ihre Privatwaffen geführt haben. Das Reichsministerium hat keine Offizierssäbel beschafft, daher dürften auch die sog. »Hilfsoffiziere« ihre Seitenwaffen privat – wohl bei »S&K« – bezogen haben.

Der Deckoffiziers-Säbel M 1849

mag zugleich für die vorgenannte Waffe stehen. Von ihm orderte das Ministerium 12 Exemplare »englischen Modells« (also wohl nach dem »Pattern 1827«) bei »S&K«, die sich vom Offizierssäbel lediglich durch die Tombakbeschläge (Offizierssäbel waren vergoldet) unterschieden haben dürften. Wir können uns den Säbel mit seiner Klingenlänge von 73 cm im Prinzip als verwechslungsfähigen Vorgänger der späteren deutschen Seeoffiziersseitenwaffen vorstellen – das britische Vorbild ist ja beibehalten worden.

Bliebe zu sagen, daß in die Säbelklinge Reichsadler und Anker eingeätzt waren und daß ein schwarz-rot-goldenes Portepee zugehörte.

Der Entersäbel M 1849

entstammte dem Lieferprogramm von »S&K« und entsprach im ganzen dem französischen »sabre de bord modèle an IX«. Zu dieser Festlegung könnte zum einen der Einfluß der in der Reichsmarine dienenden belgischen und niederländischen Schiffsführer (belgische und niederländische Waffen waren seinerzeit von französischen Vorbildern bestimmt), zum anderen das auf Frankreich ausgerichtete Fabrikationsprogramm deutscher Hersteller geführt haben. Dies hing damit zusammen, daß die Kriegsbeute von 1812/13 bzw. 1815 – nicht zuletzt französische Kavalleriepallasche und Seitenwaffen vom sog. »Briquet«-Typ – weitgehend in die Ausrüstung deutscher Teilstaaten eingegangen war, daher Ersatzbeschaffungen gleichfalls den älteren französischen Modellen entsprachen.

Der Entersäbel von »S&K« war bei ca. 68 cm Klingenlänge 82 cm lang.

Der achtkantige Holzgriff war mit Eisenblech verkleidet, aus Eisen bestanden auch Griffkappe, Stichblatt und Griffbügel. An den Griffbügel war der marinetypische Handschutz, schwarz einbrennlackiert, genietet. Die Klinge war maximal 38 mm breit mit beidseitigem Hohlschliff auf 520 mm. Der Rückenschliff im Ort maß 190 mm, die »Pfeilhöhe« (Krümmungsmaß) betrug 16 mm.
Die schwarze Lederschneide war mit Messingbeschlägen (Mundblech mit ovalem Tragknopf, geschweiftes Ortblech mit Ortknopf) versehen. Der Reichsadler zeigte sich auf Stichblatt, Klingen und Scheidenbeschlägen und – geprägt – im Scheidenleder. Daneben befindet sich das Herstellerkürzel »S & K«.

Der Marine(infanterie-)säbel M 1849
entstammte gleichfalls dem Lieferprogramm von »S&K«. Da mir kein Realstück vorlag, auch die Akten nur Andeutungen enthalten, *vermute* ich, daß er mit dem preußischen Seitengewehr o./S. gleichzusetzen ist (also einem »Briquet«-Typ).
Fest steht immerhin, daß die Klinge wie die des Entersäbels bezeichnet war und daß die Scheide – bis auf die Herstellung aus braunem Leder – jener des Entersäbels ähnelte.

Das Enterbeil M 1849
geht auf eine – im Detail unbekannte – Vorlage des Reichsministeriums zurück – es könnte dies das Muster der »Hamburger Flottille« gewesen sein. Die überkommenen Realstücke sind ca. 53 cm lang. Die Beilklinge läuft in einen Pickel aus. Zwei 25 cm lange Federn bewehren den Schaft, der in einer kugeligen Verdickung endet. Das Waffengewicht beträgt ca. 1 kg.
Für die Beile – und die Piken – war keine Kennzeichnung mit ärarischen Symbolen vorgesehen. Die überkommenen Beile der »Hansa« sind mit deren Namen gekennzeichnet – ob dies durchgängig für alle Schiffe galt, ist offen.

Die Enterpike M 1849
stammte wie alle Blankwaffen von »S&K« und folgte einer – im Detail unbekannten – Vorgabe des Ministeriums. Mit Sicherheit dürfte sie dem internationalen Standard entsprochen haben, da aus den Abnahmeberichten bekannt ist, daß sie die »richtige Länge« hatte, aus Eschenkern-

holz bestand und hinsichtlich der Pikenspitze mit zwei Schaftfedern versehen war. Ein Exemplar einer Enterpike aus der Zeit um 1850 konnte sich das Bremer Landesmuseum verschaffen – möglich, aber unbeweisbar, daß diese Pike aus dem Bestand der Reichsmarine stammt.

Der Verbleib der Marinehandwaffen

Es läßt sich unschwer denken, daß bei der langwierigen Auflösung der Reichsflotte (der letzte Admiralsbefehl stammt vom 31. März 1853, die Restabwicklung erfolgte im Oktober 1853), der ja schon zwei Jahre einer Art »inneren Auflösung« vorangegangen waren, mancherlei durcheinander kam, bewegliches Gut bereits in weniger legitimierte Hände geriet. Dies gilt allerdings weniger für die – an Bord unter Verschluß verwahrten – Handfeuerwaffen.

Diese wurden 1853 von Bord genommen und in der Bundesfestung Mainz eingelagert. Ende 1860 wurden sie en bloc veräußert (1031 Gewehre und 811 Pistolen), worüber der Bundesversammlung am 5. Januar 1861 berichtet wurde. Der »Schwund« könnte sich damit erklären, daß 169 Gewehre und 189 Pistolen mit der *Eckernförde* und *Barbarossa* an Preußen fielen. Die Namen der Aufkäufer sind mir noch unbekannt. Doch spricht einiges dafür, daß die deutsch-amerikanische Büchsenmacherfamilie Würfflein beteiligt war. Der in Philadelphia ansässige Familienzweig verewigte sich jedenfalls auf den Läufen der Marinegewehre, bevor diese als Milizwaffen im amerikanischen Bürgerkrieg verwendet wurden[1].

Die in unverschlossenen Gestellen an Bord befindlichen Blankwaffen scheinen großenteils »unter der Hand«, sicher auch als »Andenken an meine Dienstzeit« verschwunden zu sein. Die Piken waren von geringem materiellen Wert, vielleicht noch zu Bootshaken abzuändern, und im wesentlichen Feuerholz. Die Beile waren für private Verwendung gut zu nutzen (wen störte schon der merkwürdige rückwärtige »Pickel«), und es ist ein Wunder, daß an Bord der »Hansa« etliche überdauerten und, bei einem späteren Werftaufenthalt aufgefunden, teils bis heute in Museen zu bestaunen sind. Die alten Handfeuerwaffen brachten übrigens 1860 noch 36 % (Gewehre) bzw. 18 % (Pistolen) ihres Neuwerts in die Bundeskasse.

Rätsel und Hypothesen

Der Veräußerungsbericht vom 5. Januar 1861 erwähnt weitere 176 Gewehre »preußischen Modells«, die für geringes Geld veräußert wurden, demnach alt und verbraucht waren. Damit kann ausgeschlossen werden, daß diese in den Beschaffungsunterlagen nicht erwähnten Waffen etwa der Marineinfanterie gehört hatten[2]. Denn diese, eine Art »Elitesoldaten«, waren sicher nicht schlechter bewaffnet als der Matrose. Auch zur »Hamburger Flottille« können diese Gewehre nicht gehört haben, da die provisorische Ausrüstung in Hamburg zwar fast alle Möglichkeiten offen läßt, mit Sicherheit aber preußische Waffen ausschließt. Ich vermute danach, daß die Altwaffen, ohne Eigentum der Marine gewesen zu sein, als sonstiges Bundeseigentum bei der sich bietenden Gelegenheit mitveräußert wurden.
Diese Feststellung ist betrüblich. Denn 176 Gewehre hätten der Zahl nach gut zu der einen Seesoldatenkompanie gepaßt, die für die Reichsmarine vorgesehen war, ohne je in voller Stärke präsent gewesen zu sein. Bekanntlich sind 1848 und 1849 bremischen Truppen eingesprungen.
Damit zu einer anhängenden Frage. Was sollten 500 Infanteriesäbel und ein Überbestand an Marinegewehren? Diese Waffen hätten gereicht, ein Marineinfanterie-Kontingent von fast Bataillonsstärke zu bewaffnen. Es scheint aber nach Aktenlage festzustehen, daß zu keiner Zeit mehr als eine Kompanie geplant war. In diese Richtung geht auch die Überlegung, daß die relativ kleine Reichsmarine kaum für Landemanöver an Dänemarks Küsten geeignet war und folglich keine überstarke Marineinfanterie benötigte. Meine Hypothese ist schlicht gestrickt: Die Infanteriesäbel waren nicht nur für Seesoldaten, sondern auch für andere Besatzungsteile, z. B. die Artilleristen, bestimmt. Die überdurchschnittliche Ausstattung der Flotte mit Gewehren läßt sich mit defensiver Taktik erklären.
Schließlich noch einige Bemerkungen zum sog. »Brommy-Revolver«, der unausrottbar durch ältere Schriften geistert – und nicht nur durch ältere! Hierzu wird zunächst behauptet, daß ein Revolver aus Brommybesitz dem Bremer Focke-Museum geschenkt worden sei. Daran ist richtig, daß nach der alten Museumskartei eine solche Schenkung lange nach Brommys Tod erfolgt ist. Der alte Museumskatalog kennt aber nur drei Revolver. Zwei davon scheiden aus, da es sich um erst im amerikanischen Bürgerkrieg, also nach 1860, produzierte Waffen handelt. Der

dritte, ein Colt Pocket Modell 1849, ist der Seriennummer nach erst lange nach Auflösung der Flotte hergestellt worden. Eine solche Waffe im Kaliber .31 (ca. 8 mm) hätte ein Offizier zwischen 1849 und 1853 auch kaum – nicht einmal für private Zwecke – ernst genommen.
Die weitergehende Legende behauptet, Brommy habe für die Flotte 1000 Revolver beschafft. Dem naheliegenden Hinweis, davon stünde nichts in den Beschaffungsakten, könnte immerhin noch entgegengehalten werden, daß Akten nicht immer vollständig sind. Auch die »Unzuständigkeit« des Admirals für den Waffeneinkauf ist für sich allein kein Argument – es könnte ja immerhin Brommy die Beschaffung angeregt haben und die Seezeugmeisterei zum Kauf ermächtigt worden sein. Warum sollten so teure Waffen (je ca. 13 Dollar) aber nicht wie andere Waffen 1853 nach Mainz eingelagert und 1860 abgegeben worden sein? Und woher sollten denn um 1850 militärverwendungsfähige Revolver kommen? Colt in den USA hatte kaum Fertigungszahlen, die einen großen Exportauftrag zuließen – er wäre aus der Colt-Literatur im übrigen mit Sicherheit bekannt. Allenfalls könnte wiederum für den »Pocket« etwas anderes gelten, doch war dieser, wie ausgeführt, eine »Taschenwaffe«. Die Engländer hatten gerade begonnen, den Adams-Revolver serienreif zu machen. Die Lütticher, im Waffennachbau die »Japaner« des 19. Jahrhunderts, fanden nur zögernd zur Revolverproduktion. Nur für Österreich ist 1849 belegt, daß Peterlongo in Innsbruck eine Colt-Lizenz besaß und Revolver herstellte – übrigens soll diesen die k. u. k. Marine eingeführt haben, was ich nach Literaturlage für einen Ableger der Brommylegende halte.
Revolver in Europa kamen erst mit dem Krimkrieg ins Geschäft. Zum einen bei unseren britischen Vettern, zum anderen in Frankreich, wo die Marine (!) 1854 einen sehr primitiven Lefaucheux-Revolver kreierte. In Deutschland, nebenbei bemerkt, kam der Revolver erst 1879 zu kurzlebigen militärischen Ehren.

Schlußbemerkung

Auch ein gestraffter Überblick wie dieser könnte belegt haben, daß 1849 die Handwaffenfrage für die Reichsmarine richtig und ausgewogen beantwortet wurde. Rundum wäre ergänzend festzustellen, daß die gewichtigeren Probleme – etwa die zukunftweisende Auswahl der Schiffe und ihre zweckmäßige Bestückung – unter den zeitgebundenen Bedingungen hervorragend gemeistert wurden.

Anmerkungen

1 Völlig abwegig die Darstellung von R. G. Hickox in »The Gun Report«, Oktoberheft 1974, S. 52 f., der die Gewehre sowohl für Waffen der »Prussian Navy« wie für Direktkäufe des Büchsenmachers Würfflein/Philadelphia bei V. C. Schilling/Suhl hält.

2 Anderer Meinung Ph. Brüchmaun in »Archiv für Waffen- und Uniformkunde«, 1919 (Jg. 2), Nr. 1, S. 33, ohne Belegung.

Literaturverzeichnis und Quellen

a) Primärquellen:
Bundesarchiv: DB 59/169 Fol. 1–104.

b) Waffenkunde:
G. Seifert: »Deutsche Entermesser«, in: DWJ 1973, S. 608 f. und 710.
H. Reckendorf: »Die Militär-Faustfeuerwaffen des Königreichs Preußen und des Deutschen Reiches«, 1978.

c) Marinegeschichte:
L. Arenhold: »Die Deutsche Reichsflotte 1848–1852«, 1906.
M. Bär: »Die Deutsche Flotte 1848–1852«, 1898.
A. Duckwitz: »Über die Gründung der Deutschen Kriegsmarine«, 1849.
H. J. Hansen: »Die Schiffe der Deutschen Flotten 1848–1945«, 1973.
F. Prüser: »Duckwitz und die deutsche Kriegsflotte«, in: »Der Schlüssel«, 1941 (Jg. 6).

– Weitere waffenkundliche Details in den Aufsätzen des Autors in DWJ 1979, S. 184 ff., 616 ff., 766 f.

Paul Heinsius

Die erste Deutsche Marine in Überlieferung und Wirklichkeit

Die deutsche Bundesmarine taufte eine ihrer ersten Schulfregatten auf den Namen des 1849 ernannten ersten Admirals der deutschen Marine *Brommy.* Sie knüpfte damit bewußt an die aus der Bewegung des Jahres 1848 entstandene erste »Deutsche Flotte« an. Auch die »Kaiserliche«, die »Reichs-« und die »Kriegsmarine« hatten diese Flotte bewußt in ihre Tradition aufgenommen. 1871 wurde ebenso wie nach 1918 sogar die in Frankfurt 1848 geprägte Bezeichnung »Reichsmarine« wieder gewählt. Sie wurde dann allerdings von der niemals offiziell eingeführten Bezeichnung »Kaiserliche Marine« verdrängt, wie dann auch während des Dritten Reiches die Bezeichnung »Reichsmarine« durch die ebenfalls schon in Schriften der Kaiserzeit wie der Republik vorkommende Bezeichnung »Kriegsmarine« ersetzt wurde.

Brommy, dessen Büste in der Kaiserlichen Marineakademie in Kiel stand und seit 1910 in der Marineschule Mürwik steht, ist jedem deutschen Seeoffizier ein Begriff. Wenn aber ein Außenstehender heute nach der Geschichte oder Tradition unserer Marine gefragt wird, so wird er damit zunächst nur die Erinnerung an die Kaiserliche Marine von 1914 verbinden. Vielleicht denkt er noch an das Flottenwettrüsten vor 1914 und den Tirpitzschen Schlachtflottenbau, obwohl dieser eigentlich nur eine Episode unserer über 100 Jahre alten Marinegeschichte war. Mir scheint, daß Angehörige der Marine selbst und die Marinegeschichtsschreibung an der Unkenntnis der früheren Perioden bei der Öffentlichkeit und bei den Schulbuchautoren nicht unschuldig sind.

In der angeblich so traditionsbewußten Kaiserlichen Marine wie in der Reichs- und Kriegsmarine wußte man wohl von der »Schleswig-Holsteinischen Marine 1848–1851« und von der Bundesflotte auf der Weser, aber man sprach weit mehr von der Marine des Norddeutschen Bundes und von der Kaiserlichen Marine. Es gibt zu denken, wenn die »Geschichte der Kaiserlich-Deutschen Marine« des Korvettenkapitäns Tesdorpf von 1889 den »Versuch zur Gründung einer deutschen (Reichs-) Marine 1848–1852« nennt, sodann »Die vormalig Schleswig-Holsteinische Marine 1848« behandelt, um dann mit der preußischen Marine zu beginnen.

Der Schleswig-Holsteinischen Marine wurde Tesdorpf gerecht, der Leistung des Nordseegeschwaders auf der Weser nicht. Es paßte offensichtlich nicht in sein Geschichtsbild. Das Nordseegeschwader wurde in der Literatur höchst unterschiedlich behandelt. Männer, die noch aus eigener Kenntnis urteilten, zollten dem technischen, militärischen und organisatorischen Aufbau dieser ersten Flotte unter den Farben Schwarz-Rot-Gold außergewöhnliches Lob. Gegner der deutschen Einigungsbewegung jedoch verurteilten alles und spotteten über diese Schiffe mit Versen, wie: »Die niemals flotte, deutsche Flotte . . .« Borussophile, die nach der Gründung des Deutschen Reiches von 1871 die angebliche Voraussicht Preußens auch in der Flottenfrage verherrlichen wollten, stimmten mit den Gegnern der deutschen Einigungsbewegung und jedes Flottenbaus merkwürdigerweise überein. Der vielschreibende Major von Crousaz erklärte in seiner »Kurzen Geschichte der deutschen Kriegsmarine« 1873, was das Frankfurter Parlament hervorrief, sei lebensunfähig gewesen und mußte als ein bloßes Produkt der Revolution mit dieser wieder verschwinden. Alle Frankfurter Aktionen zur Bildung einer Marine erklärte er für ein Übel, weil sie dem Aufbau einer preußischen Marine, die seiner Ansicht nach allein im Interesse Deutschlands lag, Kräfte und Mittel entzogen hätten.

Die Auffassung über die Anfänge der Deutschen Flotte standen sich so diametral gegenüber, daß sie nicht einmal diskutiert wurden. Admirale mit Sachkenntnis, wie Werner, der unter Brommy gedient hatte sowie Batsch, der damals in die preußische Marine eintrat, waren zu vornehm, um gegen so unsinnige Vorurteile, wie Crousaz sie nicht allein äußerte, zu polemisieren. Sie berichteten in späteren Jahren schlicht, wie sie die Dinge und Menschen damals erlebt und gesehen hatten. Damit trugen sie dazu bei, daß Admiral Brommy 37 Jahre nach seinem Tode einen ehrenden Grabstein erhielt und daß auch seine Büste Platz in der Marineakademie in Kiel und später in Mürwik fand und damit jedem Seeoffizier bekannt wurde. Der Geheime Admiralitätsrat Paul Koch versuchte, aus den ihm in Preußen zugänglichen Akten 1898 das Leben auf der Weserflotte vor 50 Jahren in der Marine-Rundschau nachzuzeichnen. Er kam dabei zu einem bemerkenswerten Urteil: »Wenn auch nur im Keim, enthielt sie doch alles, woraus ein größerer Organismus sich hätte weiterbilden lassen, ja diese Keime waren originelle und gesunder als die gleichzeitigen, in Armeevorbildern befangenen Anfänge der preußischen Marine.« Die Akten zeigen uns heute, wie hart Prinz Adalbert darum kämpfen mußte, die Marine in Preußen von den Fesseln der Armee zu befreien, sei es in Fragen der Uniform, der Disziplinarordnung oder im Exerzieren und Wachdienst an Bord.

Aus dem Berliner Staatsarchiv erschien die erste Arbeit über die Deutsche Flotte ebenfalls zwei Jahre vor der Jahrhundertwende. Jedoch ihr Autor, Max Bär, war als Historiker mehr an den sich in den Akten spiegelnden Aktionen der Höfe und politischen Parteien und Institutionen interessiert als an militärischen Fragen. Das einzige Gefecht der Nordseeflotte vor Helgoland und dessen Bedeutung für die Lockerung der Blockade scheint ihm völlig entgangen zu sein. Folglich beachtete man seine sonst verdienstvolle Arbeit in der Marine kaum. Im Leitfaden Dienstunterricht der Hochseeflotte wurde noch 1909 nur vom »Versuch der Gründung einer deutschen Marine« und der »Gründung der preußischen Marine 1848« gesprochen. Die kümmerliche Existenz der preußischen Marine seit 1816 wurde übergangen. Jahrzehntelang hatten allein die Schiffe der preußischen Seehandlungen in überseeischen Gewässern die preußische Kriegsflagge gesetzt. Vor den eigenen Küsten waren auch sie machtlos. Nachdem die angebliche Voraussicht der Preußen ungerechtfertigt gelobt war, begannen nun andere Autoren, völlig unsinnig, bei den Preußen die Hauptschuld für das Scheitern der Reichsflotte von 1848 zu suchen. Daß Preußen 1848 für die Waffen der Reichsflotte seine militärische Abnahme- und Prüforganisation zur Verfügung stellte, wurde vergessen. Die Tatsache, daß sich der Aufbau der preußischen Flotte streng nach den in Frankfurt erhobenen Grundsätzen richtete, übersah man ebenso wie ihr späteres Festhalten an den Reichsvorschriften. Daß Preußen schließlich als einziges Land immer wieder Gelder zur Erhaltung der 1848 begonnenen Reichsflotte zur Verfügung stellte und ihr sogar einen sturmsicheren Hafen anbot, wurde ebenfalls verschwiegen. Man unterstellte sogar, daß Preußen 1850 mit Waffengewalt am 3. März das stärkste Schiff der nunmehrigen »Bundesflotte«, die *Gefion*, besetzen wollte.

In der Literatur wurden Gegensätze zwischen der preußischen und der

»Reichsflotte« konstruiert, die 1848/49 nicht bestanden. Daß Preußen nicht nur die Uniform bewahrte, sondern auch die Disziplinarordnung der Marine des Reiches 20 Jahre lang unverändert beibehielt, wurde nicht erkannt. Die ebenfalls mit »Reichsmitteln« aufgestellte Schleswig-Holsteinische Marine erschien dann 1926 in der Marinegeschichte von Admiral Mantey neben der Preußischen Marine als eine classis sui generis. 1937 wurden schließlich in Gröners »Handbuch der Deutschen Kriegsschiffe von 1815–1936« nur noch Fahrzeuge der Preußischen Marine als »Deutsche« erwähnt.

Über 100 Jahre nach den Ereignissen taucht dann 1978 im »Handbuch zur Deutschen Militärgeschichte« die borussophile, wenig sachkundige Auffassung wieder auf, der deutsche Flottenbau von 1848/49 wäre mehr revolutionäres Symbol als militärisches Instrument gewesen. Dem hatte der Oberkommandierende bereits vor 126 Jahren widersprochen. Gegenüber dem Bundespräsidialgesandten hatte er ausdrücklich den revolutionären Ursprung der Flotte zurückgewiesen. Brommy schrieb damals: »Legal war also die Marine von dem Augenblick an, wo der Reichsverweser dieselbe sanktionierte, denn in einen revolutionären Dienst würden weder ich noch die anderen Offiziere getreten sein.«

Aber nicht nur die Legalität, auch der militärische, tatsächliche Wert der Streitkräfte auf der Weser wurde höchst unterschiedlich beurteilt. Das Auslaufen wurde der Flotte nach dem ersten Gefecht als Folge der britischen Stellungnahme von der eigenen Regierung verboten. Das Deutsche Reich, die Sehnsucht des Vormärz von 1848, der Staat, dem diese Flotte dienen sollte, existierte völkerrechtlich trotz aller Frankfurter Erklärungen noch nicht. Es konnte folglich seine Flagge den anderen Seemächten auch nicht offiziell mitteilen. Die so zum Stilliegen verurteilte Flotte auf der Weser hat aber trotzdem die Nationalversammlung um nahezu vier Jahre in strenger Disziplin, als ein Beispiel der Pflichterfüllung in höchst unklaren Friedenszeiten, überlebt.

1850 mußten schließlich die Schleswig-Holsteiner unabhängig vom jetzt neutralen Preußen und gegen den Willen von Mächten des wiedererstarkten Deutschen Bundes den Krieg allein weiterführen, bis der Schleswig-Holsteinische Staat unter dem Druck der Großmächte zerbrach. Die einheitliche Ausbildung aufgrund einheitlicher Vorschriften ermöglichte es dann aber, daß Männer der Nordseeflottille wie der Schleswig-Holsteinischen Marine in die Österreichische oder in die nun ebenfalls selbständige Preußische Marine übernommen werden konnten. Die

preußische Marine wußte diese frischen Kräfte wohl zu schätzen. Sie war 1852 noch so wenig entwickelt, daß sie aus infrastrukturellen und personellen Gründen von der ehemaligen Nordseeflottille auf der Weser nicht mehr als die Fregatte *Gefion* und das ehemalige Flaggschiff *Barbarossa* übernehmen konnte. Allerdings waren dies die beiden besten Schiffe. Beide taten noch bis in die siebziger Jahre ihren Dienst. Auch die anderen, damals versteigerten Schiffe kamen zum Teil im Krimkrieg noch einmal als Transporter zum militärischen Einsatz.
Brommy selbst mag die Übergabe der besten Schiffe an seinen früheren Kampfgefährten Jan Schröder weh getan haben.
Die Zuneigung und Liebe des Deutschen Volkes zu der aus der liberalen und demokratischen Bewegung von 1848 hervorgegangenen »Marine des Deutschen Reiches« ging nun auf die Preußische Marine über, die später wieder zur Reichsmarine wurde. Die Marine war nach dem Wiedererstehen des »Deutschen Bundes« und dem Außerkrafttreten der »Grundrechte des Deutschen Volkes« von den großen Vorhaben der Nationalversammlung allein übriggeblieben. Hier liegen die emotionalen Wurzeln der Flottenbegeisterung und der Opferbereitschaft aller Kreise der Bevölkerung um die Jahrhundertwende bis in die zwanziger Jahre. Generationenlang waren die 1848 geschaffenen Marineuniformen und die Matrosenanzüge die einzige sichtbare Erinnerung an die Bewegung von 1848.

Walther Hubatsch

Das Taucherschiff – der erste deutsche U-Boot-Entwurf

Am 5. September 1848 hatte der Regierungs-Geometer Gustav Winkler aus Halberstadt, auf Grund einer früheren Eingabe an die preußische Regierung von dort an die National-Versammlung verwiesen, den Entwurf eines Taucherschiffes vorgelegt, das imstande wäre, die größten Schiffe unbemerkt unter Wasser anzugreifen und zum Sinken zu bringen. Die Eingabe wurde von dem Ausschußmitglied Major Teichert am 11. September 1848 der 75. Sitzung des Marine-Ausschusses in Frankfurt am Main vorgelegt. Die Erfindung, die von 10 Skizzen und einer Beschreibung der Wirkungsweise begleitet war, im Marineausschuß auch als »Zerstörungsschiff« bezeichnet, stellt sich als ein Vorläufer des Kleinst-Unterseeboots (»Ein-Mann-Torpedo«) dar von 70 Kubikfuß Rauminhalt, kaum mehr als 6 m Gesamtlänge und 1 m Breite. Die neuartige Antriebsanlage bestand aus einer Dampfmaschine mit Gasfeuerung, erzeugt durch Verbrennung präparierter Baumwolle. Damit sollte eine Mindestgeschwindigkeit von 6 Knoten erreicht werden. Gegenüber dem später tatsächlich gebauten »Brandtaucher« von Wilhelm Bauer wies Winklers Taucherschiff eine Reihe beachtlicher technischer Einrichtungen auf, so luftdichte Einstiegluke, Okular, Tauchzellen, Pumpe für Luftdruckregulierung bei Unterwasserfahrt, Sauerstoffapparat, Preßluft zum Auftauchen, Höhen/Tiefen-Ruderanlage, Manometer usw. Die Annäherung sollte in halbgetauchtem Zustand erfolgen (Freibord nicht mehr als ein halber Meter), »so daß man noch gerade selbst über dem Wasser beobachten kann, auch durch eine ein- und ausschiebbare Röhre Luft von außen einziehen kann«. Der Angriff erfolgte in voller Fahrt unter Wasser schräg auf das feindliche Schiff zu, um in kräftigem Stoß an dem (hölzernen!) Schiffsboden einen starken Bolzen mit mechanischer Bohrvorrichtung anzubringen, an dem sich ein hochwirksamer Explosionskörper (nicht Schwarzpulver) befand. Dieser stand mit dem Tauchboot durch eine lange, abrollende Schnur in Verbindung; erst nach rascher Entfernung vom angegriffenen Schiff wurde in sicherem Abstand die Sprengladung gezündet (Vorläufer des Drahttorpedos). So hoffte Winkler, die dänische Blockade unwirksam machen zu können. Aber die notorische Geldknappheit der Bundesflotte erlaubte nicht einmal die Ausführung eines Versuchsbaues, so daß Kiel zur Wiege des deutschen U-Boot-Baus wurde und der Name Gustav Winkler über dem des späteren Konstrukteurs Wilhelm Bauer vergessen wurde.

Nicht veröffentlichte Akten in: Bundesarchiv, Außenstelle Frankfurt/Main, Signatur: DB 51. VII. Marine-Ausschuß. Nr. 400. Dort auch Zeichnungen (siehe Bildteil in diesem Buch).

Walther Hubatsch

Forschungsstand und Ergebnis

Der jeweilige Forschungsstand wird bestimmt durch die Intensität der Fragestellungen, Arbeiten und der daraus erwachsenen Ergebnisse. Über die erste deutsche Flotte war zuletzt eine größere Arbeit vor 25 Jahren vorgelegt worden[1]; sie stand in gewissem Zusammenhang mit der Wiederbegründung einer deutschen Marine in jener Zeit und mit einer absichtsvollen Traditionsverknüpfung, die einer Ausbildungsfregatte den Namen *Brommy* zuteil werden ließ[2]. Die Erinnerung daran ist, entgegen anderslautenden, hier nicht informierten Zeitungsberichten oder deren Gewährsleute, ununterbrochen weitergetragen worden, in der Ausbildung der Seeoffiziere wie auch im allgemeinen historischen Unterricht und in allen einschlägigen Fachbüchern und -zeitschriften. An Unterrichtsmöglichkeiten fehlt es keineswegs.

Dennoch bedarf es gelegentlicher Anstöße, und seien es auch ungerade Jubiläen, um eine intensivere Beschäftigung mit einzelnen Epochen herbeizuführen. Dafür bietet die moderne Museumstechnik mit ihren Veranschaulichungsmöglichkeiten stets willkommene Gelegenheiten. Voraussetzung ist eine möglichst umfassende Erfassung, Aufbereitung und Vergleichsmöglichkeit der überlieferten Gegenstände. Diese Zielsetzung auf die erste deutsche Flotte zu erstrecken war gewagt, weil die Zeugnisse nur noch begrenzt verfügbar sind. Gerade der fortwährende Schwund an gegenständlicher Überlieferung aber ist es, der eine gegenwärtige Bestandsaufnahme um so dringlicher erscheinen läßt. Das Ergebnis war erstaunlich genug: Die Vielzahl der Ausstellungsstücke gab insgesamt ein farbiges Abbild von dem, was jene Institution in ihren Einrichtungen bestimmt hat und die dadurch erst der heutigen Zeit begreiflicher gemacht werden kann, als es Beschreibungen allein vermögen. Allerdings ist die zeitgenössische schriftliche Überlieferung ein untrennbarer Teil jener Vergegenwärtigung[3]. Im Zusammenhang beider Überrestgruppen, geprüft, zur Schau gestellt und in einem vorbereiteten wissenschaftlichen

Fachgespräch mit neuen Fragen und Feststellungen verknüpft, vermochte erst eigentlich ein Ergebnis sichtbar zu werden, das den bisherigen Erkenntnis- und Forschungsstand in einer Anzahl von Blickpunkten wesentlich angehoben hat. Diese Resultate verlangen, von nun an Kenntnis zu nehmen von dem, was an Neuartigem und teilweise auch Ungewohntem zu berichten ist.

1. Der Deutsche Bund und seine Wehrverfassung zur See

Die bis in Einzelheiten ausgearbeitete und in zahlreichen Inspektionen, Übungen, sogar Mobilmachungen überprüfte und ständig verbesserte Kriegsverfassung des Deutschen Bundes hatte eine mehr als dreißigjährige ruhige Zeit ohne Waffengang hinter sich, als am 4. April 1848 die Bundesexekution mit einem knappen Drittel der gesamten Truppenstärke gegen ein Bundesmitglied, Dänemark, beschlossen wurde und der betroffene Staat daraufhin nicht nur seinen Austritt aus dem Bund vollzog, sondern höchst wirksame Kriegshandlungen beging, die völlig unerwartet kamen und denen mit den vorhandenen Mitteln nicht beizukommen war. Die Wehrverfassung des Deutschen Bundes zur See beruhte auf der Existenz einer österreichischen Flotte in der Adria, einer (bis 1830 ungeteilten) niederländischen Küstenbeherrschung des oranischen Bundesmitgliedes, durch die Sicherung Hannovers zur See infolge der Personalunion mit England (bis 1837) und der Funktion Dänemarks als »Admiralstaates des Deutschen Bundes« in der Ostsee[4]. Diese unter dem Vorzeichen der »Heiligen Allianz« geschlossene Föderation war damals unausgesprochen, 1848 jedoch deutlicher erkennbar als eine keineswegs allein deutsche, sondern eine europäische Vertragsunion. Der britische Außenminister Palmerston, dem stets eine etwas einseitige Sympathie für Dänemark nachgesagt wird, hat 1848 unmißverständlich betont, daß der Deutsche Bund eine Schöpfung durch europäische Verträge gewesen sei und keineswegs auf dem Übereinkommen seiner Mitglieder gegründet[5]. Wenn diese Voraussetzung zutraf, mußte sie allerdings gleichzeitig die schärfste Kritik an Dänemarks schroffem Kurswechsel nach dem Tode des ritterlichen Christian VIII. enthalten.

Es ist demnach seitens des Deutschen Bundes nichts versäumt worden, es sei denn, man hätte sich auf einen ganz utopischen Fall einstellen wollen. Freilich waren die Sicherungen durch die Niederlande und Großbritannien seit den 30er Jahren fragwürdig geworden, aber mit dem gleichgesinnten Christian VIII. hatte Friedrich Wilhelm IV. von Preußen in so innigem Einvernehmen gestanden wie mit keinem anderen Fürsten[6]. Daß sich nun plötzlich Nationalitätenbewegungen, deutsche und skandinavische Einigungstendenzen mit revolutionären Methoden Bahn zu brechen suchten, erschütterte die Staatsgewalten überall in Europa gleichzeitig und ließ alle Versuche zur Krisenbewältigung hilflos erscheinen. Daß bis zu diesem tragischen Augenblick auf Dänemark als militärischem Verbündeten zu Lande stets fest gerechnet worden war, beweist die Abfolge der Revuen und Inspektionen des X. Bundeskorps, zu dem u. a. Pioniere und Trains in Kopenhagen gehörten, die von württembergischen Offizieren inspiziert wurden, so wie dänische Offiziere an Inspektionen der württembergischen Kontingente beteiligt waren. Dies alles war schlagartig hinfällig, als aus einem verläßlichen Verbündeten ein sehr unbequemer Gegner geworden.

Da Österreich angesichts der bekannten Unruhen an seinen südlichen Grenzen außerstande war, Flottenverbände gegen die dänischen Blockadestreitkräfte vor den deutschen Nordseehäfen zu entsenden (was Wochen gedauert haben würde), war der akute Zwang gegeben, die Seeblokkade Dänemarks mit erst noch zu schaffenden maritimen Mitteln zu brechen, was über die räumlich begrenzte Exekution durch Landtruppen nicht möglich war. Das Interesse an einer neu zu errichtenden Flotte des Deutschen Bundes stand und fiel jedoch allein mit der andauernden Sperrung der überseeischen Handelsbeziehungen, die damals schon für Deutschland sich auf das empfindlichste auswirkten.

Es war also die Frage, wie lange dieser Zustand anhalten konnte und ob die bedeutenden Ausgaben für Aufbau, Ausrüstung und Unterhalt einer eigenen Flotte sich überhaupt rechtfertigen ließen, wenn Dänemark einlenkte. Die Erregung des Augenblicks forderte Sofortmaßnahmen, und der Flottengedanke war über Nacht populär. Es zeigte sich eine beachtliche Opferbereitschaft dafür, obwohl kaum jemand auf diesem Gebiet Erfahrungen besaß und abschätzen konnte, was alles an Zeit, Geld, Geduld, Beharrlichkeit und Zielstrebigkeit erforderlich sein würde, um ein wirkungsvolles Instrument zur Blockadeabwehr zu schaffen.

Das Ergebnis muß angesichts der benötigten Zeit, der Qualität und der Schlagkraft auch heute noch als eine ganz erstaunliche, überragende Leistung beurteilt werden. Mit 3 Dampffregatten, 6 Dampfkorvetten, 1 Segelfregatte, 1 Schulschiff und 27 Küstenkanonenbooten war eine beachtliche Seemacht 2. Ranges aufgetreten, hochmodern in dem Schiffsmaterial, gut exerziert und ausgerüstet und in der Beweglichkeit ihrer Dampfschiffe der dänischen Marine erheblich überlegen. Daß neben dem Flaggschiff gerade die kleinsten der Dampfkorvetten in dem einzigen Gefecht dieser Flotte ihre Aufgaben voll erfüllt hatten, zeigt die Qualität, die hier binnen Jahresfrist erreicht werden konnte[7]. Die das Nordseegeschwader notwendig ergänzenden Ostseestreitkräfte wurden (wenn von dem »Preußischen Adler« abgesehen werden kann) durch die Schleswig-Holsteinische Flottille, die ihrerseits eine »West-Division« durch den Eiderkanal nach Föhr detachierte, gebildet, die unter gleicher Flagge kämpfte[8].

2. Deutsche Bundes-(und Reichs-)Flotte 1848–1853

Die berechtigte Frage, ob der Bezeichnung »Reichsmarine« oder »Bundesmarine« für die erste deutsche Flotte der Vorzug zu geben sei, kann nur unter Hinweis auf die verfassungsmäßige Entwicklung jener Jahre beantwortet werden[9]. Mangels jeder anderen zuständigen Einrichtung konnte der Antrag auf Bildung einer Flotte am 13. April 1848 ausschließlich beim **Bundestag** gestellt werden. Die **Bundesversammlung** billigte dies am 18. bis 20. April 1848 und setzte einen entsprechenden Ausschuß ein, der sofort tätig wurde. Das galt auch für die Bereitstellung der Mittel zum Ankauf oder zur Inbaugabe der ersten Schiffe; so sind von der »Hamburger Flottille« nur 2 Segelschiffe (davon 1 als unbrauchbar zurückgegeben) aus freiwilligen Mitteln beschafft worden; die 3 Radkorvetten konnten nur aus Bundesmitteln unter Vorgriff auf Festungsbaugeldern (Rastatt und Ulm) angekauft werden und blieben Bundeseigentum. Die Schiffe wurden im Juni 1848 von der Bundesflotte übernommen und führten seit Dezember 1848 deren Flagge. Bereits 1846 wurde der Doppeladler als Emblem in Wappen und Siegeln der Behörden des Deutschen Bundes geführt[10]. Die Farben Schwarz-Rot-Gold als Farben des **Deutschen Bundes** erklärte der Beschluß des Bundestages in Frankfurt am Main am 9. März 1848, also nach der Februar-Revolution in Paris, jedoch vor dem Berliner Märzaufstand. Der Marineausschuß des vorläufigen Reichsparlaments versammelte sich erst am 28. Mai 1848, nachdem bereits die große Denkschrift des Prinzen Adalbert über die Bildung einer deutschen Kriegsflotte vorlag[11]. Die Nationalversammlung hat erst am 31. Juli 1848 ein Gesetz über die Kriegs- und Handelsflotte angenommen. Noch am 10. Juli war eine Petition eingegangen, die eine weiße Flagge mit zwei sich diagonal kreuzenden schwarz-rot-goldenen Bändern vorsah, im Schnittpunkt den doppelköpfigen Bundesadler. Demgegenüber erfolgte die Einführung der Reichskriegsflagge (mit Farben und Emblem des Deutschen Bundes!) erst am 13. November 1848. Österreich und Preußen nehmen diese Farben nicht an, da sie noch keine internationale Anerkennung erlangt hatten (entsprechende diplomatische Schritte wurden erst am 21. Juni 1849 durch die Reichsbehörden eingeleitet, nachdem man sie von englischer Seite drastisch darauf aufmerksam gemacht hatte!). Auch Hamburg und Schleswig-Holstein machten dieselben Vorbehalte, und die mecklenburgischen Staaten führten die Reichsfarben (wenn überhaupt) nur als Nebenbanner.

Seit September 1848 wurden von der provisorischen Zentralgewalt, die der Bundestag, ohne sich selbst aufzulösen, einzusetzen beschlossen hatte, Gesetze erlassen, u. a. für ein Reichs-Handels-Ministerium unter dem Bremer Bürgerschaftspräsident Arnold Duckwitz. Die dichte Aktenfolge in den übersichtlich aufbereiteten Beständen des Bundesarchivs, Abt. Frankfurt/Main, erlaubt nun eine genaue Einsicht in den Behördenaufbau der Reichsmarine-Verwaltung, die am 13. November 1848 gleichzeitig mit der von der Nationalversammlung unabhängigen technischen Marinekommission von dem Reichs-Handelsministerium abgezweigt wurden. Dem »Reichsministerium der Marine« unter dem Minister Duckwitz gehörten die Abgeordneten der Nationalversammlung und Mitglieder des Marineausschusses Samuel Gottfried Kerst und Dr. Karl Friedrich Jordan als Ministerialräte an, der Wasser- und Landkondukteur Georg Schröter aus Hannover als Ministerialsekretär und der Kassengehilfe Wilhelm Ebling als Kanzlist. Am 15. Dezember wurden noch der Lithograph Lill und der Sekretär und Registrator Georg Peter Zaier als Leiter der Kanzlei eingestellt. Im Februar trat der Kapitän der Reitenden Artillerie Oskar Marcard aus Hannover als weiterer Referent hinzu. Als Aufgaben waren dem Ministerium gestellt: Organisation, Verwaltung und Rechnungswesen. Damit waren seine Tätigkeitsbereiche gegenüber der Technischen Marinekommission abgegrenzt[12].

Die Technische Marine-Kommission stand unter Leitung des Prinzen Adalbert von Preußen, der auf Antrag des Reichsverwesers Ende November in Frankfurt die Geschäfte übernommen hatte. Zugleich war er Vorsitzender der preußischen Kommission zur Verteidigung der Ostseeküsten. Weitere Kommissionsmitglieder waren der preußische General und Minister Joseph Maria v. Radowitz, der Hauptmann Karl Theodor Gevekoht, der österreichische Hauptmann Karl Moehring, der preußische Major Daniel Friedrich Gottlieb Teichert. Aus der Marineabteilung des Preußischen Kriegsministeriums kam der sehr tüchtige Major Ludwig Leopold Bogun v. Wangenheim, lange Zeit die rechte Hand des Prinzen Adalbert; aus Österreich der Fregattenkapitän Ludwig Freiherr v. Kudriaffsky. Der Direktor der preußischen Navigationsschule in Danzig, Jan Schröder, trat hinzu und schließlich aus griechischen Diensten der Fregattenkapitän Rudolf Bromme[13]. Als die Aufbaupläne am 10. Februar 1849 als erfüllt gemeldet werden konnten, wurde die Technische Marinekommission aufgelöst. Sie hat vorzügliche Arbeit geleistet; es muß erstaunen, daß eine verhältnismäßig so große Zahl ausgezeichneter Fachleute hier zusammentreten konnte. Zu den bemerkenswerten Tätigkeiten gehörten nicht nur die Anfertigung von grundlegenden Vorschriften und Gutachten[14], die Anlage von Häfen, Kanälen und Marinestationen (u. a. Memel[15] und Wismar[16]), sondern die Einforderung regelmäßiger Rapporte der Dienststellen und der 9 Schiffskommandos; auch die Wochenberichte der Kanonenboot- und der Hamburger Flottille vom April bis Dezember 1849 wurden noch veranlaßt.

Als Kommodore mit dem Rang eines Konteradmirals war Brommy (sic!) am 25. Februar 1849 zum Reichskommissar für die deutsche Marine in Bremerhaven ernannt, am 5. April 1849 zugleich zum Seezeugmeister ad interim, so daß sich Kommando und Verwaltung in einer Hand befanden; diese außergewöhnliche Personalunion wurde noch verstärkt durch seine Ernennung zum Befehlshaber des Nordseegeschwaders, so daß er zugleich auch Flottenchef war. Das hörte jedoch im Januar 1850 auf.

Schon im September 1849 endete die Reichsverfassung; die provisorische Zentralgewalt lief bis zum Jahresende endgültig aus. In dieser kaum mehr als einjähriger Gültigkeit der Reichsbehörden hat die erste deutsche Flotte zwar nicht ihre längste, jedoch intensivste Zeit erlebt: Zusammentritt der Flottillen, Ausbildung, Wirksamkeit der Technischen Marinekommission, Gefecht bei Helgoland. Schon vorher freilich, im Mai 1849, war Minister Duckwitz zurückgetreten; Kerst blieb bis zum 18. September 1849 Generalsekretär und Leiter der Marineabteilung, die sich dann zwar verselbständigte, aber in Personalunion unter den Reichsminister des Auswärtigen, General Jochmus, trat. Daß die Planung emsig weiterlief, ergibt sich aus dem Bestand von über 670 Schiffszeichnungen und Plänen im Marineministerium; es handelt sich nicht allein um Fahrzeuge der deutschen Reichsflotte, sondern auch um zahlreiche andere, zum Vergleich herangezogene oder zum Ankauf vorgesehene Schiffe[17].

Die Registratur der Technischen Marine-Kommission war zur Marine-Abteilung des Reichs-Marine-Ministeriums gekommen und verblieb dort. Ende Dezember 1849 war die Marineabteilung des Reichs-Marine-Ministeriums gekommen und verblieb dort. Ende Dezember 1849 war die Marineabteilung der Bundeszentralkommission eingerichtet worden, damit begann wieder die Bundeszuständigkeit für die letzten dreieinhalb Jahre. Unterhalb dieser Frankfurter Zentrale standen seit dem 31. Januar 1850 zwei selbständige Bundes-Marine-Behörden: das Oberkommando der Marine und die Seezeugmeisterei mit nachgeordneter Marine-Intendantur. Der sehr zweckmäßige Aufbau dieser letzten Zentralbehörde der ersten deutschen Flotte soll hier nach dem Aktenplan kurz vorgestellt werden, um einen Eindruck von der Vielseitigkeit und Bedeutung jener damaligen Marine zu vermitteln, sodann um zu zeigen, in wie hohem Maße die Gliederung der Verwaltung von Seestreitkräften aus systembezogenen Gründen bis heute in ähnlicher Weise erfolgt[18]:

Gliederung der Verwaltung der Bundeszentralkommission, Marineabteilung

A) Bildung der Marinebehörden und deren Zuständigkeiten
B) Personalangelegenheiten
   1. Anstellung des Ministerialpersonals
   2. Anstellung des Personals des Oberkommandos der Marine
   3. Anstellung des Personals der Seezeugmeisterei
   4. Anstellung der Offiziere und Mannschaft für die Nordseeflotte
   5. Anstellung des Marinepersonals
   6. Bewerbungen
   7. Allgemeine Personalangelegenheiten
C) Expeditionen, Übungen und sonstige Einsätze der deutschen Marine
D) Dienstvorschriften
E) Ausrüstung der Schiffe
F) Kriegs- und Seegesetzgebung
G) Rechtspflege der Marine
H) Rapporte
J) Ankauf von Schiffen und Maschinen

K) Eroberte und geborgene Schiffe
L) Reparaturen der Schiffe
M) Schiffsmaterial, Unterhaltung, Ausrüstung
N) Artillerieausrüstung und Bewaffnung
O) Hafen- und Küstenbefestigung
P) Arsenal-, Hafen-, Werft-, Dock- und Kasernenbauten
Q) Kassen- und Rechnungswesen
R) Verpflegung und Bekleidung der Schiffsmannschaft
S) Lazarett- und Medizinalangelegenheiten
T) Verschiedenes.

Dieses Verwaltungsschema zeigt, daß es sich hier um eine Institution handelte und nicht nur um wenige kleine Schiffe, wie es verständnislose Karikaturisten der Zeit darzustellen suchten.

3. England und die erste deutsche Flotte

Die junge deutsche Marine hat in den wenigen Jahren ihres Bestehens alle Schwierigkeiten kennengelernt, die einer Flotte, und nicht nur in den Anfangsstadien ihres Aufbaus, begegnen können: Verzögerungen der Bautermine, Grundberührungen und andere Havarien, Sorgen um Offiziersersatz und Mannschaftsausbildung, Disziplinprobleme (auf der Unterelbe), Werftarbeiterstreik (an der Weser), Umbewaffnungsfragen, Fehler in der Bedienung moderner technischer Einrichtungen und, seit der Trennung von Kommando und Verwaltung 1850, ein erbitterter Papierkrieg zwischen der Bundesbehörde in Frankfurt und dem Flottenkommando in Bremerhaven. Das Schlimmste aber, was diesen schließlich gut eingeübten und voll verwendungsfähigen Seestreitkräften zustoßen konnte, war eine erzwungene Untätigkeit, die sich über vier Jahre hinzog und sich dann im Abstand von 20 und nochmals von weiteren 45 Jahren wiederholen sollte.

Das Hindernis für die Benutzung einer beachtlichen Kampfkraft hatte dieselben Gründe, weshalb die Bundestruppen zu Lande gegenüber Dänemark nichts ausrichten konnten und trotz ihrer Überlegenheit in schmähliche Waffenstillstandsbedingungen einwilligen mußten. Die Auffassung von den Grundlagen europäischer Politik erlaubten es nach Ansicht der britischen und russischen Regierungen, die hierin völlig übereinstimmten, nicht, daß an den Ostseeausgängen sich territoriale

Veränderungen vollzogen, jedenfalls nicht zugunsten einer deutschen Zentralgewalt. Man war eher geneigt, Dänemark sich bis zur Elbe ausdehnen zu sehen, und man verschloß die Augen davor, daß die skandinavische Einigungsbewegung ganz ähnliche, von Nationalitätenfragen ausgehende und mit revolutionären Methoden betriebene Grundsätze durchzukämpfen suchte wie die provisorische Schleswig-Holsteinische Regierung in Kiel, die provisorische Reichsgewalt in Frankfurt und die diese stützenden Bestrebungen in der Öffentlichkeit. Ein formales Versehen deutscher Behörden lieferte den erwünschten Grund, aus völkerrechtlichen Rücksichten die Flaggenfrage in den Vordergrund zu schieben, obwohl die Divisionen des deutschen Bundesheeres in Dänemark auch unter schwarz-rot-goldener Kokarde auftraten.
Sowohl der Bundesrat nach seiner Entschließung vom 9. März 1848 als auch die provisorische Reichsregierung auf Beschluß der Nationalversammlung vom 13. November 1848 hatten es versäumt, den auswärtigen Mächten die neue Flagge anzuzeigen. Das Gefecht vor Helgoland am 4. Juni 1849 gab nun der britischen Regierung Anlaß zu der Warnung, daß Schiffe nicht bekannter Flaggen völkerrechtlich nicht geschützt werden könnten. Mehr ist in dem oft zitierten, übertrieben hochgespielten Hinweis sachlich nicht enthalten gewesen, und die Berechtigung dazu war keineswegs zu leugnen. So hat die Bundeszentralkommission Ende 1849 auf diplomatischem Wege die Anerkennung nachgeholt und sie im wesentlichen auch erreicht, selbst (unter Vorbehalten) von Frankreich, jedoch eben nicht von England und Rußland. Dieses also verhinderte die Flotte am Verlassen der Territorialgewässer und machte die Verlegung in bereits angebotene Ausweichstützpunkte Wismar und Swinemünde undurchführbar. Es blieb noch der Ausweg, die deutsche Nordseeflotte dem größten deutschen Nordseestaat zu unterstellen, und tatsächlich sind solche Verhandlungen zwischen Hannover und der Deutschen Zentralgewalt bis zur Vertragsreife geführt worden. Jedoch lehnte es der König von Hannover am 17. September 1849 ab, den von dem hannoverschen Bevollmächtigten geschlossenen Vertrag betreffend Übernahme der Deutschen Flotte durch Hannover ratifizieren zu lassen. Die Wiederaufnahme der Verhandlungen unter überprüften Bedingungen scheiterte jedoch endgültig am 1. Oktober 1849 angesichts der veränderten Lage, da »die Beendigung der Funktion der gegenwärtigen Zentralgewalt in der allernächsten Zukunft« abzusehen sei, was tatsächlich auch eintrat. Hannover hätte dann allein für den weiteren Unterhalt einer beacht-

lichen Flotte aufkommen müssen, was als überflüssig angesehen wurde, zumal der Friedenszustand mit Dänemark wiederhergestellt und die lästige Blockade aufgehoben war[19].

Es sind eben doch auch die sehr unbefriedigenden inneren Verfassungszustände Deutschlands gewesen, die einer sachgerechten Verwendung der Deutschen Bundesflotte im Wege standen. In den ordentlichen Bundeshaushalt ist sie niemals aufgenommen worden, da die Mehrzahl der Bundesmitglieder es ablehnte, dafür regelmäßige Beiträge zu entrichten. Ein entsprechendes Bundesgesetz ist nie zustande gekommen, und so blieb die einzige legitime Grundlage in der Zeit ihres Bestehens die Veranschlagung der Reichsmatrikel durch die provisorische Zentralgewalt. Daß die Exekution dazu fehlte, daß Besatzungen eingestellt wurden, ohne die Gewähr der Anrechnungsfähigkeit auf die Dienstzeit bei den Heimatländern zu haben, waren letztlich ungedeckte Wechsel auf die Zukunft. Duckwitz hat mit seinem Rücktritt die Folgerung gezogen. Die ausländischen Diplomaten sahen diese Krisenerscheinungen noch schärfer[20].

Rußland hatte sich von Anfang an der Zentralgewalt und dem Flottenaufbau widersetzt. Es war nicht zu übersehen, daß zu gleicher Zeit eine russische Armee in Ungarn einrückte und daß auch unmißverständlich dem Preußenkönig gedroht wurde, man werde demnächst in Berlin »Ordnung« schaffen. Unübersehbar blieb, daß an den Ostgrenzen Preußens 20 000 russische Soldaten marschbereit gehalten wurden. Der russische Bevollmächtigte beim Bundesrat in Frankfurt am Main, Gortschakoff, gab seinen eindeutigen Ratschlag: »Es könne kein größeres Glück für Deutschland eintreten, als wenn ein so unbedeutender Zankapfel wie die Flotte spurlos verschwände.«[21]

Englands Einstellung zur deutschen Flottenfrage war keineswegs so negativ. Trotz völkerrechtlicher Rücksichten hat es Wege gegeben, 3 moderne Dampfschiffe für die Deutsche Flotte in England anzukaufen und 3 Neubauten zu bestellen. Die Hälfte des Schiffsbestandes stammte demnach aus England. (Weshalb dies eine Flotte »aus zweiter Hand« gewesen sein soll, bleibt unerfindlich, da es sich vielmehr ausschließlich um erstklassige moderne Schiffe handelte. Niemand würde heute auf die Idee kommen, die Lenkwaffenzerstörer der *Rommel*-Klasse als »aus zweiter Hand« zu qualifizieren.)

Im Sommer 1848 erschien als Sondergesandter der Nationalversammlung Baron Adrian in London, um die Anerkennung der Zentralregierung zu erwirken. Er wurde am 25. August von dem Außenminister Viscount of Palmerston, später von der Königin und dem Prinzgemahl empfangen. Eine Anerkennung erreichte er nicht. Es ist jedoch Günther Gillessen voll zuzustimmen, wenn er darüber urteilt: »Dies war freilich ein alter Grundsatz der britischen Diplomatie. England hatte sich stets gehütet, eine fremde Regierung anzuerkennen, solange sie nicht fest im Sattel saß, und in diesem Sinne war die Verweigerung der Anerkennung kein unfreundlicher Akt gegenüber der Nationalversammlung.« Als der britische Geschäftsträger beim Bundestag die Frage Ende September nochmals anschnitt, konnte Palmerston deutlicher werden: »Bisher regiert . . . Frankfurt eher über Meinungen als über ein Gebiet, . . . eher auf Ideen als auf Tatsachen gegründet.«[22] Als jedoch Prinz Adalbert von Preußen seitens der Zentralgewalt beauftragt wurde, im November 1848 britische Werften und Flotteneinrichtungen zu besichtigen, wurde ihm dieses in entgegenkommendster Weise gestattet. In Frankfurt aber hatte sich die Meinung festgesetzt, daß England ein grundsätzlicher Gegner der deutschen Flotte sei – also lange vor dem Helgolandzwischenfall und der angeblichen Behandlung der deutschen Farben als »Piratenflagge«! Der britische Geschäftsträger hielt dem entgegen, daß es doch wohl noch Jahre dauern müsse, bis eine deutsche Flotte so groß sein könne, um England Anlaß zur Eifersucht zu geben; außerdem, so versicherte er, gingen im Ernstfall die britischen und deutschen Interessen Hand in Hand. Palmerston billigte ausdrücklich diese Auffassung[23] in seinem Schreiben an den Geschäftsträger vom 14. November 1848. Seine grundsätzliche Stellungnahme zur deutschen Frage war weit weniger skeptisch als die Disraelis, der sich erst acht Jahre nach der Reichsgründung durch Bismarck bekehren ließ; Palmerston dachte in dem gleichen politischen Rahmen wie Bismarck und vor allem wie Gagern, wenn er in der Olmütz-Krise vom November 1850 (die natürlich auch nicht ohne Rückwirkung auf die Flottenfrage blieb) sein Deutschlandkonzept dem britischen Geschäftsträger gegenüber folgendermaßen entwickelte: »Ein deutscher Bundesstaat, der alle kleineren Staaten einschließt, unter Preußens Führung, und in engem Bündnis mit Österreich als einer selbständigen Macht, das würde eine sehr gute Grundlage europäischer Politik bilden.«[24] Damit wurde die Situation von 1873 bereits vorweggenommen.

4. Ende und Anfang

Nach dem letzten vergeblichen Versuch Hannovers, zusammen mit den deutschen Nordseestaaten die Bundesflotte zu übernehmen, drängte die Frage der ferneren Verwendung der Bundesflotte zur Entscheidung. Man wird der Bundesverwaltung hohe Achtung zollen müssen für die verantwortungsvollen jahrelangen Aushilfen, auf extraordinärem Wege den Istbestand der Flotte und ihrer Einrichtungen zu sichern und ein mit viel Liebe, Mühe und innerer Bereitschaft aufgebautes Instrument nicht voreilig dem Verfall preiszugeben. An diesbezüglichen Warnungen und Versuchen zur Erhaltung hat es wahrlich nicht gefehlt. Die schließliche Auflösung einer Einrichtung, für die kein Bedarf mehr bestand, war ein Akt ökonomischer Vernunft, den man nicht tadeln kann. Die Formen vollzogen sich in disziplinierten Bahnen. Der vielgeschmähte Flottenkommissar, dem die Aufgabe der Veräußerung der Flotte und aller ihrer Einrichtungen, der Abfindung der Gläubiger und der Besatzungen übertragen wurde, war Hannibal Fischer, ehemals oldenburgischer Regierungsdirektor, später fürstlich lippischer Staatsminister. »Der Flotten-Fischer bin ich ja, stets lustig, heißa, hopsassa!« so ironisierte er sich selbst. Er entledigte sich seiner Aufgaben sachgerecht, korrekt und in einer angemessenen Frist, so daß ihm der Bundestag im März 1853 den verdienten Dank aussprechen konnte. Der Bremer Bürgermeister Johann Smidt charakterisierte ihn aus eigener Kenntnis wohl treffend gegenüber dem hannöverschen Minister v. Schele II in einem Schreiben vom 4. Mai 1853: Fischer ist »ein gutmütiger und nichts Unrechtes wollender Mann, der aber höchst leichtsinnig ist und von einer burschikosen Auffassung und Behandlung aller Lebensverhältnisse nicht scheiden kann, der sich dabei in der Rolle eines ›avocat de chose perdue‹ gefällt und sich in dieser durch offene Tapferkeit auszeichnen möchte«[25]. Im Hinblick auf viele Schicksalsschläge bemitleidete er den schwergeprüften Mann als »objectum misericordiae«, womit er Fischers Selbstcharakteristik schließlich recht gab, letztlich aber doch auch durchblicken ließ, daß auch ihn als den leidenschaftlichen Mitkämpfer der Einigungsbewegung und Flottenbestrebung dieses Ende schmerzlich berührte. Man wird das keinem der daran Beteiligten verdenken können.

Aber ein marinepolitisches Vakuum entstand an der Nordsee nicht. Fischer hatte seine Abwicklungsgeschäfte noch nicht beendet, als der Erwerb von Hafengelände für den späteren preußischen Stützpunkt Wilhelmshaven an der Jade schon beschlossen war, eine preußische Admiralität unter Prinz Adalbert entstand, der einen langfristigen Flottenbauplan vorlegte und mit Bremen die ersten Verhandlungen über die gemeinsame Nordseeflottille führte. Wie symbolhafte Traditionsträger wurden je ein Schiff aus der aufgelösten Reichsflotte (Brommes Flaggschiff *Barbarossa*) und aus der ebenfalls aufgelösten preußischen Seehandlungsflotte (die Handelsfregatte *Merkur*)[26] sowie ein Teil ihrer Besatzungen in die junge preußische Marine übernommen, und mit ihnen die Erfahrungen der Reichsflotte. Zum Kadettenschulschiff *Amazone* gesellte sich die schmucke *Gefion*; zu *Barbarossa* der Kampfgefährte gegen die Dänen von 1849 *Preußischer Adler*, sodann Adalberts neues Flaggschiff *Danzig* als Radfregatte, ferner die flinken englischen Rad-Avisos *Nix* und *Salamander* und schließlich die hochseegehenden Kriegsschoner *Hela* und *Frauenlob* – die letztere aus den Spenden deutscher Frauen aus der Flottenbegeisterung von 1848 gebaut. Bei der Einweihung des preußischen Nordseestützpunktes im Jahre 1869 aber lief das britische Kanalgeschwader mit den stärksten Panzerschiffen der Welt in Wilhelmshaven ein, um auch künftig die unwirtliche Reede vor Helgoland mit dem ruhigen Jadehafen vertauschen zu können, zugleich als freundschaftliche Geste gegenüber dem aufstrebendem Juniorpartner, dessen Marineminister v. Roon diesen Platz als »Morgengabe an das große Deutschland« weihte. Der Reichsflotte war nach 20 Jahren ein Nachfolger erstanden, das Jahr 1848 aber wiederholte sich nicht mehr.

Anmerkungen

1 Waldemar Zillinger: Die deutsche Flotte in der Vorstellungswelt der Paulskirchenabgeordneten 1848/49. Diss. phil. Göttingen 1955. Es ist bezeichnend für die zäh bewahrte parlamentarische Selbstgerechtigkeit, daß diese Arbeit bisher immer noch nicht gedruckt wurde.

2 Dies ist Admiral Ruge zu verdanken. Die kaiserliche Marine hatte in dem zweimal in 40 Jahren vergebenen Schiffsnamen *Prinz Adalbert* ihre Beziehung zur Reichsflotte dokumentiert, außerdem in der Wiederholung von *Barbarossa, Hansa, Gefion, Deutschland, Hamburg, Bremen, Lübeck, Frankfurt.* – Die Bundesmarine nahm diese Schiffsnamen auf, doch für *Barbarossa* war ebensowenig Platz wie für einen Prinzen, obwohl die Bundesmarine seinen Entwürfen viel verdankt.

3 Hierbei ist besonders dem Bundesarchiv, Abt. Frankfurt, zu danken, das den Verfasser bei der Vorbereitung der Ausstellung bereitwillig unterstützt hat. Da die gesamten Aktenbestände des Deutschen Bundestages, u. a. auch der Reichsministerien, sich in Frankfurt befinden, ist die gesamte Entwicklung der Reichs- bzw. Bundesflotte aktenkundig; man muß freilich die deutsche Schrift lesen können, und daran wird es wohl gelegen haben, wenn in einem Vierteljahrhundert nur zwei Benutzer sich dieser reichen Bestände der Flottenüberlieferung angenommen haben. – Von den ursprünglich zum Preuß. Geh. Staatsarchiv gehörenden Beständen befindet sich jetzt unter der Signatur RM 1/v 2876 ein Faszikel [Preuß.]Verhandlungen über Errichtung einer deutschen Kriegsmarine 1849–1853 im Bundesarchiv/Militärarchiv Freiburg (Br.).

4 Troels Fink: Admiralstatplanerne i 1840erne. In: Festschrift Arup. Kopenhagen 1946. – M. Gerhardt u. W. Hubatsch: Deutschland und Skandinavien im Wandel der Jahrhunderte. 2. Aufl. Bonn 1977.

5 Palmerston an Magenis, 7.3.1851. Publ. Rec. Office London. Zit. Günther Gillessen: Lord Palmerston und die Einigung Deutschlands. Die englische Politik von der Paulskirche bis zu den Dresdner Konferenzen (1848–1851). Lübeck 1961 (Histor. Studien 384). Diese gründliche und klug abwägende Untersuchung gehört mit ihren Ergebnissen mittelbar in den hier geschilderten Zusammenhang und verdiente weiter verbreitet zu werden, um zahlreiche, seit Erscheinen seines Buches immer noch fortgeschleppte irrige, aber liebgewordene Anschauungen endlich zu berichtigen.

6 Hierzu und zum folgenden ist auf neuere dänische Forschungen, u. a. Nörregaard, zu verweisen, demnächst auf meinen Beitrag in Band 5 des »Handbuchs der europäischen Geschichte«, hg. v. Th. Schieder, Stuttgart (voraussichtlich 1981). – Die Frage schnitt H.-O. Steinmetz bei dem Colloquium im Dt. Schiffahrtsmuseum Bremerhaven am 13.7.1979 an. Vgl. oben Anm. 4.

7 Hierzu siehe auch die Arbeiten von Paul Heinsius, hier und in der illustrierten Sammelschrift: Deutsche Marine. Die erste deutsche Flotte. Bremerhaven 1979 (Führer des Deutschen Schiffahrtsmuseums Nr. 10), S. 18–35.

8 Ebd., Klaus Friedland, S. 36 f.

9 Auf diese von Admiral Wellershoff während des Colloquiums im Deutschen Schiffahrtsmuseum am 13.7.1979 gestellte Frage ist zu antworten, daß a) sich die Zeit der rechtlichen Wirksamkeit der Frankfurter Reichsinstitutionen und deren Weisungsbefugnis an die Marine bemißt von dem Dekret des Reichsverwesers vom 13.11.1848 betr. Errichtung der Abt. f. Marineverwaltung an (noch unter dem Reichshandelsministerium nach preußischem Vorbild). Der Reichsverweser Erzherzog Johann war dazu berechtigt, durch den Beschluß des Bundestages seit September 1848 Gesetze durch die provisorische Zentralgewalt zuzulassen. In demselben Reichsgesetzblatt Nr. 5 ist auch die Kriegsflagge beschrieben worden. Das Ende der Reichsverfassung kam mit der Unterstellung der Marineabteilung unter die Bundeszentralkommission, was spätestens Ende Dezember 1849 wirksam wurde. Im weitesten Sinne ist die Deutsche Flotte demnach vom 13.11.1848 bis 31.12.1849 eine »Reichsflotte« gewesen; in engerer Auslegung mußte man jedoch vom Inkrafttreten der Reichsverfassung vom 28.3.1849 an, also vom Wirkungsdatum 18.5.1849, eine rechtliche Kompetenz feststellen, die mit der österreichisch-preußischen Übereinkunft im September 1849 ohne förmliche Aufhebung erlosch; dann wären es nicht 13½ Monate, sondern nur 4½ Monate gewesen.

Ferner ist zu bemerken, daß b) ein Kriterium gesetzt werden könnte durch die geldgebenden Institutionen. Die von der vorläufigen Zentralgewalt veranschlagten Reichsmatrikularbeiträge für 1848 waren im allgemeinen entrichtet worden. Sie reichten jedoch nicht aus, konnten auch aus den freiwilligen Spenden nicht gedeckt werden. Zwei Drittel der nicht gezahlten Beiträge hatte der Bund decken müssen; sah man das als Vorschuß an, so bestand eine leidliche Deckung für 1848. Das traf jedoch für 1849 nicht mehr zu: nur noch ein Drittel der Umlage war eingegangen, mit 200 000 Gulden Spenden war keine Lücke zu stopfen. Ungerechnet der Sonderleistungen der Einzelstaaten Österreich, Preußen und Hannover mußte der Bund zu den Reichsmatrikularbeiträgen von 3,6 Mill. Gulden weitere 2,7 Mill. Gulden aufbringen, gewann damit einen erheblichen Anteil an der Kostendekkung für die nunmehr fertige Flotte.

Rechnet man, daß c) die Indienststellungen bei vier Schiffen Ende 1848 erfolgten, die also für das gesamte Jahr 1849 verfügbar waren, und daß im Frühjahr 1849 drei weitere hinzutraten (*Hansa* erst ein Jahr später, *Erzherzog Johann* war 1853 noch nicht umgerüstet), so wird angesichts der damaligen Indienststellungszeiten das Jahr 1849 als das Jahr der Reichsflotte anzusehen sein, unbeschadet, ob die Indiensthaltungsperiode für ständige Bereitschaft im September oder Dezember endete. Allerdings waren dafür erhebliche zusätzliche Bundesmittel beigebracht worden. Ein Flaggenwechsel hat zu keiner Zeit stattgefunden, da die im Reichsgesetzblatt beschriebene Flagge mit der Flagge des Deutschen Bundes identisch war. Vom Beginn des Jahres 1850 an unterstand jedoch die Flotte eindeutig dem Deutschen Bund.

10 Bundes-Militärkommission I 435 (BA Fft./M.). Ebd. DB 51 Nr. 405: farbige Flaggenentwürfe 10. Juli bis 23. Oktober 1848 unter Berufung auf Karl d. Gr.

11 DB 51. VII. Marine-Ausschuß (BA Fft./M.). Darin u. a.: Nr. 392: Sitzungsprotokolle vom 28.5.1848 bis 5.5.1849 mit Mitgliederverzeichnis. – Nr. 393: Bekanntmachungen des Marine-Ausschusses 1848, darunter referierende Ausschußmitglieder: Samuel Gottfried Kerst, Gustav v. Hagenow, Johann Gerhard Röben. – Nr. 397: Personalangelegenheiten der Marine 1848 mit Material der

Referenten Joseph Maria v. Radowitz und Johann Baptist Graf v. Coronini-Cronberg. Ankauf und Beschaffung von Schiffen lag in der Hand von Isaac Brons und Hauptmann Carl Theodor Gevekoht. – Nr. 398 Bd. 1: Übersicht über die Wehrpflichtigen der Deutschen Kriegsmarine in Holstein und Schleswig, Stichtag: 28.4.1848. – Nr. 399 Bd. 2: Petitionen. Dabei: Risse und Kostenvoranschlag für den Bau von Kanonenbooten vom 30.8.1848. Referierendes Ausschuß-Mitglied: Frhr. Carl Ludwig v. Bruch. Nr. 400: Schiffsmaschinen und Hafenangelegenheiten. Referent: Carl Philipp Francke. Bei ersterem Teil: »Erfindung eines Taucherschiffes«, 1848, mit drei Zeichnungen, von R. Winkler, Regierungs-Geometer in Halberstadt 15.9.1848 [= erster Entwurf eines deutschen Unterseebootes noch vor Wilhelm Bauer]. – Nr. 401 Bd. 1: Petitionen. Ausgaben für Kriegshafen. – Nr. 402 Bd. 2: Ausrüstung der Schiffe. Referenten: preuß. Major Daniel Friedrich Gottlieb Teichert u. Albert August Willi Deetz. – Nr. 403 Bd. 1: Petitionen. Statist. Material über die britische und französische Kriegsmarine. – Nr. 404 Bd. 2: Antrag auf Errichtung einer obersten Exekutivbehörde der Marine, o. D. – Nr. 405: Flaggenangelegenheiten (Material der Referenten Brons, Röben), hierin: Petition Nr. 1279, Entwurf einer deutschen Flagge (farb. Zeichnung) von Wilhelm Theremin, 10.7.1848. – Nr. 406 Bd. 1: Petitionen. – Nr. 407 Bd. 2: Schiffbau u. strategische Aufgaben gegen Dänemark, von J. Bluhm in Graudenz, August 1848. – Arnold Duckwitz, Reichsminister des Handels: Denkschrift über Errichtung von zentralen Marinebehörden, 30.10.1848.

12 Akten Reichsministerium der Marine (BA Fft./M.). – Ebd.: Akten Techn. Marine-Kommission DB 59 TMK, darunter besonders: DB 59/13: Einführung einer deutschen Kriegs- und Handelsflagge 1848 bis Nov. 1849; DB 59/22–32: April bis Dezember 1849: Rapport der Dienststellen und Schiffe (9); dazu Kanonenbootflottille und Hamburger Flottille (Wochenberichte); DB 59/44–78: Personalakten.

13 Bromme, der eine grundlegende Monographie »Die Marine« verfaßt hatte (mit dem Vorwort: Athen, im Dezember 1847), das er in Berlin drucken ließ, empfahl sich mit diesem Werk für den preußischen Dienst: »Preußen wird auch hierin ein Muster sein, Deutschland den Weg zu bahnen, um die Ehre seiner Flaggen herzustellen.« Das von ihm verfaßte nautische Lehrbuch, entwickelt aus seiner Tätigkeit an der Marineschule Piräus, zeigt folgende Gliederung: Das Meer / Die Schiffsbaukunst / Das Schiffsgebäude / Die Zurüstung / Die Ausrüstung / Die Bemannung. Tabelle. – Das Arsenal / Der Dienst im Hafen und auf der Reede / Der Dienst zur See / Die Seeschlacht / Die Rückkehr / 12 Zeichnungen. – Das Stadtarchiv Bremerhaven hat sich dankenswerterweise und mit Erfolg um die Sammlung von verstreutem Schriftgut zur Personengeschichte von Admiral Bromme bemüht.

14 Heinsius, in: Führer des Dt. Schiffahrtsmuseums Nr. 10, S. 29 f., zählt einzelne Tältigkeiten auf und nennt vier grundlegende Vorschriften: 1. Verordnung über die Offizieruniform, 2. Disziplinarordnung, 3. Dienst an Bord, 4. Exerzierreglement für die Marine-Artillerie.

15 Die vier Abteilungen der Techn. Marinekommission (die spätere Marineabt. der Bundeszentralkommission erhielt zusätzlich eine neue Nr. II: Personalverhältnisse und Nr. III: Haushalt und Kassenangelegenheiten) hatten folgende Arbeitsbereiche: I. Organisation und Verwaltung der Techn. Marinekommission, II. Aufbau und Tätigkeit der Flotte, III. Bau, Konstruktion und Ankauf von Schiffen, IV. Anlage von Häfen, Marine-Stationen (u. a. Memel) und Kanälen.

16 Zum Plan, Wismar zum Stützpunkt der ersten deutschen Marine zu machen, liegt jetzt eine neue, auf Quellen des Bundesarchivs Frankfurt am Main gestützte Arbeit vor: Helge Bei der Wieden: Die mecklenburgischen Häfen und die deutsche Flotte 1848/49. In: Beiträge zur mecklenburgischen Seefahrtsgeschichte. Köln 1981 (Schriften zur mecklenburgischen Geschichte, Kultur und Landeskunde. 5).

17 Schiffszeichnungen im Bestand des Marine-Ministeriums und in DB 62 in 7 Mappen 22 (BA Fft./M.). – Siehe Bildteil dieses Buches.

18 Bundeszentralkommission, Marineabteilung Dez. 1849 bis Juli 1851: DB 62 BZK (BA Fft./M.).

19 Reichsministerium der Marine. Acten betr. Delegiertes Marine-Department I. 1,1 (BA Fft./M.).

20 (Die Frankfurter Parlamentarier) »sind eine Schar von Kindern, die abwechselnd gezüchtigt und gekost werden müßten«. Der britische Geschäftsträger beim Bundestag, Cowley, an Palmerston, 21.8.1848 (Publ. Rec. Off.), zit.: Gillessen, S. 40.

21 Gortschakoff in Frankfurt: M. Bär: Die Deutsche Flotte 1848–1852. Leipzig 1898, S. 188, nach Akten des PrGStA Berlin. – Der britische Gesandte in St. Petersburg, Buchanan, berichtete an Palmerston am 18.5.1849, die Division der russischen Baltischen Flotte in Reval hätte Befehl, nach Alsen zu gehen, dort auf- und abzustehen, um den dänischen Rückzug zu decken, danach im Großen Belt

Seeland zu schützen. – Bloomfield an Palmerston, 13.12.1849 (Publ. Rec. Off.): Russische Truppen bleiben in kriegsbereitem Zustand an den preußischen Grenzen, »jederzeit nach jeder Richtung bereit, wo man eine so schlagkräftige Armee benötigt wie jene, die im letzten Sommer nach Ungarn einmarschierte«. Beide Zitate bei Gillessen, S. 79 und 88 f.

22 Gillessen, S. 47, dem durchaus zuzustimmen ist. – Palmerston an Cowley, 2.10.1848 (Publ. Rec. Off.), zit. ebd. – Ergänzend ist ein weiterer grundsätzlicher Standpunkt Palmerstons in diesem Zusammenhang zu nennen. In seiner Rede im Unterhaus am 21.7.1849 führte er aus: ». . . wer meint, eine Regierung in England könne mit Vergnügen zusehen, wie irgendwo in der Welt revolutionäre Bewegungen angezettelt werden, der zeigt einen beachtlichen Grad von Uneinsichtigkeit.« Zit. Southgate, Donald: »The most English Minister . . .«. The policies and politics of Palmerston. London 1966, S. 234.

23 Cowley an Palmerston, 5.11.1848 (Publ. Rec. Off.), und Palmerstons Antwort vom 14.11.1848 (ebd.), zit. Gillessen, S. 48.

24 Palmerston an Cowley, zit. Ashley, Evelin: The Life and Correspondance of Henry John Temple Viscount Palmerston. London 1879. Vol. 2, p. 171.

25 Zit. M. Bär: Die deutsche Flotte 1848–1852, Leipzig 1898. – »Flotten-Fischer«: StA Detmold, PA Fischer. – Ebd.: Beiträge f. d. dt. Kriegsflotte 1848–52: L 77A fach 277 Nr. 7660.

26 Auf die höchst bedenklichen Folgen der Auflösung der Seehandlung mit ihren transozeanischen Verbindungen als eines mustergültigen Instituts staatlicher Wirtschaftsförderung und Initiative bewirkenden Instruments hat erst jüngst für den Bereich der Landwirtschaft in Deutschland Herbert Pruns mit guten Gründen hingewiesen: »Staat und Agrarwirtschaft 1800–1865«. Hamburg, Berlin 1979, Bd. 1, S. 121.

Auswahl-Bibliographie

Adalbert, Prinz von Preußen: Denkschrift über die Bildung einer deutschen Kriegsflotte. Potsdam 1848.

Altenburg, O.: Die Anfänge der preußischen Kriegsmarine in Stettin. Karlsruhe 1936.

Arenhold, Lüder: Die deutsche Reichsflotte 1848–1852. Berlin 1906.

Bär, Max: Die deutsche Flotte von 1848–1852. Nach den Akten der Staatsarchive zu Berlin und Hannover. Leipzig 1898.

Barthold, Friedrich Wilhelm: Geschichte der deutschen Seemacht. In: Histor. Taschenbuch. Hg. Friedrich v. Raumer. 3. Folge 1. Jg. Leipzig 1850. 2. Jg. ebd. 1850.

Batsch, C. F.: Admiral Prinz Adalbert v. Preußen. Ein Lebensbild mit besonderer Rücksicht auf seine Jugendzeit und den Anfang der Flotte. Berlin 1890.

Ders.: Prinz Adalbert. In: Preußische Jahrbücher 62. 1888, S. 297–338.

Ders.: Zur Vorgeschichte der Flotte. In: Marine-Rundschau 1896, S. 775 ff.

Ders.: Deutsch Seegras. Ein Stück Reichsgeschichte. Berlin 1892.

Berghaus, Heinrich: Sechs Reisen um die Erde der Kgl. Preußischen Seehandlungsschiffe *Mentor* und *Princess Louise* innerhalb der Jahre 1822–1842. Breslau 1842.

Bei der Wieden, Helge: Die mecklenburgischen Häfen und die deutsche Flotte 1848/49. In: Beiträge zur mecklenburgischen Seefahrtsgeschichte. Köln 1981 (Schriften zur mecklenburgischen Geschichte, Kultur und Landeskunde. 5).

Brommy, Rudolf: Die Marine. Berlin 1848. 2. u. 3. Aufl. Wien 1865 u. 1878.

v. Crousaz, A.: Kurze Geschichte der deutschen Kriegsmarinen. Berlin 1873.

Demeter, Karl: Bromme, gen. Brommy, Karl Rudolf. In: NDB. Bd. 2, 1955, S. 633 (mit Lit.).

Duckwitz, Arnold: Der deutsche Handels- und Schiffahrtsbund. 1847. 2. Aufl. Bremen 1848.

Ders.: Denkwürdigkeiten aus meinem öffentlichen Leben von 1841–1866. Bremen 1877.

Eilers, Eilhart: Rudolf Brommy – Der Admiral der ersten deutschen Flotte 1848. Dresden 1939.

Fink, Troels: Admiralstatsplanerne i 1840erne. In: Festskrift Arup. Kopenhagen 1946.

Fischer, O.: Dr. Laurenz Hannibal Fischer und die Auflösung der deutschen Flotte 1852 bis 53. In: Histor. Ztschr. 85. 1900, S. 250–289.

Focke, Johann: Reliquien von der ersten deutschen Flotte. In: Jahrbuch der Bremer Sammlungen. Jg. 3. 1910, S. 131–138.

Friedland, Klaus: Seemacht und Nationalstaat. Lorenz Steins Flottenkonzept von 1848. In: Geschichte und Gegenwart. Festschrift für Karl Dietrich Erdmann. Neumünster 1980, S. 195–202. Mit 1 Abb.

Galperin, Peter. In: Waffenjournal 1979, Die Handwaffen der Bundesmarine 1848/53, S. 616–621 u. S. 766–767.

Gillessen, Günther: Lord Palmerston und die Einigung Deutschlands. Die englische Politik von der Paulskirche bis zu den Dresdener Konferenzen (1848–1851). Lübeck 1961 (Histor. Studien 384).

Gröner, Erich: Die deutschen Kriegsschiffe 1815–1945. 2 Bde. München 1966, 1968.

Güth, Rolf: Unter der Flagge Schwarz-Rot-Gold. In: Entwicklungen und Führungsprobleme der Deutschen Marine 1848/1918. Herford 1978 u. d. T. »Von Revolution zu Revolution«.

Haase, Carl: Fischer, Laurenz Martin Hannibal Christian. In: NDB. Bd. 5. 1961, S. 199 f. (mit Lit.).

Häussler, H.-J.: Das Ende der ersten deutschen Flotte. Ein Beitrag zur Geschichte der Zollvereinskrise 1852, der Reaktion und des Flottengedankens. Berlin 1937.

Jordan, A.: Geschichte der brandenburgisch-preußischen Kriegs-Marine. Berlin 1856.

Kriegsflotte, deutsche: Die deutsche Kriegsflotte. In: Die Gegenwart. Leipzig 1848. Bd. 1, S. 439–471.

v. Manthey, E.: Deutsche Marinegeschichte. Charlottenburg 1926.

Marine, deutsche: Deutsche Marine. Die erste deutsche Flotte. Bremerhaven 1979 (Führer des Deutschen Schiffahrtsmuseums Nr. 10).

Marine, schleswig-holst.: Die schleswig-holsteinische Marine und ihre Leistungen während des dreijährigen Krieges vom Jahre 1848 bis 1851. In: Marine-Verordnungsblatt 1881. Beih. 33.

Meuß, Joh. Friedrich: Die Unternehmungen des Kgl. Seehandlungs-Instituts zur Emporbringung des preußischen Handels zur See. Ein Beitrag zur Geschichte der Seehandlung (Preuß. Staatsbank) und des Seewesens in Preußen in der ersten Hälfte des 19. Jahrhunderts. Auf Grund der Akten dargestellt. Berlin 1913 (Veröff. d. Inst. f. Meereskunde an der Universität Berlin. N.F. B: Histor.-volkswirtschaftl. Reihe. H. 2).

Möller, F.: Biographische Notizen über die Offiziere, Militair-Ärzte und Beamten der ehemaligen Schleswig-Holsteinischen Armee und Marine. Hg. v. Major Lübeck. Kiel 1885.

Petter, Wolfgang: Admiral Brommy in der Literatur. In: Schiff und Zeit. Nr. 12. Herford 1980, S. 12–22.

Prüser, Friedrich: Duckwitz, Arnold. In: NDB. Bd. 4. 1959, S. 151 f. (mit Lit.).

Richter, J. W. Otto: Die erste deutsche Flotte und ihr Admiral. Altenburg 1906.

Röhr, Albert: Handbuch der deutschen Marinegeschichte. Oldenburg/Hamburg 1963.

Ders.: Wilhelm Bauer – Ein Erfinderschicksal. München 1975 (Deutsches Museum, Abhandlungen und Berichte, 43. Jg., 1975, H. 1).

Siebs, Benno Eide: Karl Rudolf Brommy. In: Niedersächsische Lebensbilder. Bd. 1. Leipzig 1939, S. 28–40.

Sprotte, Helmut: Grundlinien der preußisch-deutschen Marineverfassung mit besonderer Berücksichtigung der Behördenorganisation. Ein Beitrag zum deutschen Staats- und Verwaltungsrecht. Jur. Diss. Leipzig 1922 (Masch. Schr.) [HSV 1923: U 23. 7853].

Stahl, Friedrich Christian: Adalbert Heinrich Wilhelm, Prinz von Preußen, Admiral. In: NDB. Bd. 1. 1953, S. 46 (mit Lit.).

Stolz, Gerd: Die Schleswig-Holsteinische Marine 1848–1852. Heide 1978.

Tesdorpf, A.: Geschichte der Kaiserlich-Deutschen Kriegsmarine. Kiel, Leipzig 1889.

Wendlandt, H.: Die Gründung der preußischen Kriegsflotte im Jahre 1848. Stettin 1928.

Werner, Reinhold: Erinnerungen und Bilder aus dem Seeleben. Berlin 1885.

Wilcken, P. J.: Bilder aus dem deutschen Flotten-Leben 1849. Hannover 1861.

Witthöft, Hans Jürgen: Lexikon zur deutschen Marinegeschichte. 2 Bde. Herford 1977, 1979.

Zienert, Josef: Die Schleswig-Holsteinische Marine 1848 bis 1851. In: Marine-Rundschau 1976 Heft 4.

Anhang 1

Bericht über die im Monat März 1850 vorgenommene Besichtigung der deutschen Marine

Die auf der Weser bei Bremerhafen vor Anker liegenden 8 deutschen Kriegsdampfer, obschon nicht alle gleich ursprünglich zu Kriegsschiffen gebaut wurden, sind dennoch kriegs- und seetüchtige Fahrzeuge mit zweckmäßigen Einrichtungen zum Kriegsgebrauche, und sowohl Schiffe, Bemastung, Takelage, Artillerie, Waffen u.s.w., als auch Maschinen sehr gut gehalten und sorgfältig conservirt.

Die Bewaffnung derselben steht im richtigen Verhältnisse zur Tragfähigkeit und Stärke der Schiffe, und wird ehestens auch auf den letzlich aus England gekommenen Dampfern Inca und Cacique installirt; einige derselben sind sogar geeignet für die Dauer einer See-Campagne eine Vermehrung oder Verstärkung ihrer Artillerie zu tragen.

Namen, Pferdekraft der Maschinen und Artillerie obiger 8 Dampfer sind wie folgt:

Hansa, 750, 11 Bombenkanonen d. h. 3–10zöllige und 8–8zöllige,
Barbarossa, 440, 9–68pfünder,
Ernst August, 270, 6–68pfünder,
Lübeck, 200, 1–25pfündige Bombenkanone u. 1–32pfünder,
Hamburg, 160, idem idem,
Bremen, 160, idem idem,
Inca (nun *Großherzog von Oldenburg*), 180, 1–68 u. 1–32pfünder,
Cacique (nun *Frankfurt*), 180, idem idem.

Die Installation der Geschütze ist auf den meisten Schiffen und mit wenigen Ausnahmen, eine sehr vortheilhafte.

Munition und Projectile sind auch für das Beginnen von Kriegsoperationen in hinreichender Quantität vorhanden.

Die Schiffe sind größtentheils gut befehliget, da die Mehrzahl der Commandanten ganz tüchtige Capitaine sind.

An Officieren ist der für jetzt erforderliche Bedarf gedeckt; unter denselben sind mehrere sehr verwendbare Officiere, besonders die meisten als Detail-Officiere bestellten Lieutenants; mit wenigen einzelnen Ausnahmen haben sich die Ausländer die deutsche Sprache so weit zu eigen gemacht, um deutsch commandiren und den Dienst betreiben zu können. Marine-Cadetten (Seejunker) sind vor der Hand auch beinahe vollzählig, und vielversprechende junge Leute unter denselben.

Die Mannschaften, die zwar bei weitem noch unter der Sollrolle sind, scheinen ein gutmüthiger, kräftiger Schlag von Menschen zu sein, gehorsam, willig und lenksam.

Von mehreren Seiten wurde mir gesagt, daß die Einführung eines Militär-Strafgesetzes eine gute Wirkung bei der Marine hervorbrachte, so zwar, daß man hofft nur selten davon Gebrauch machen zu müssen.

Die Equipagen sind wohlgekleidet, gut gehalten, wohlgenährt, und sehen recht gut aus.

Die rauhe Jahreszeit und das üble Wetter einerseits, sowie andererseits die Arbeiten, die Schiffe aus der Geeste nach der Weser zu bringen, gestatteten nicht Detail-Exercitien vorzunehmen – und allgemeine Exercitien hätten wegen der unvollständigen, ohnehin nicht zu hoch angeschlagenen Sollrollen nicht ausgeführt werden können; doch soviel ich aus der Haltung der Leute im Allgemeinen und aus den auf dem *Ernst August*, auf welchem ich mit Dr. Jordan einige Tage zur See zubrachte, mit ein Paar Geschützen gemachten scharfen Schüssen sehen konnte, scheint, daß auch auf die Instruction der Equipagen die gehörige Sorge verwendet wird.

Der Dienst wird nach der deutschen im wesentlichen guten See-Ordonnanz geführt.

Aus der auf diesen Schiffen herrschenden Reinlichkeit, Ordnung und Ruhe glaube ich schließen zu dürfen, daß der Dienst mit Vorliebe und Pünktlichkeit ausgeführt wird; auch schien mir zu bemerken, soweit dieß in wenigen Tagen entdeckt werden konnte, daß wenigstens unter den wirklichen Officieren mehr militärischer Geist herrsche, als man bei einem so jungen Militärkörper, wie die deutsche Marine ist, und der Verschiedenheit der Elemente, aus welchen derselbe gebildet werden mußte, zu finden erwarten durfte.

Der neunte Dampfer, nämlich der *Erzherzog Johann*, ist im Trockendock zu Brake; auch dieses ist ein starkes Fahrzeug von schöner Bauart; soviel die Maschinisten und Admiral Brommy versichern, wird es nicht nöthig sein, die Maschine herauszunehmen, indem das Schiff noch nach

dem stattgehabten Auffahren auf eine Sandbank ganz gut und mit Sicherheit seine Fahrt fortsetzen konnte.
Die Pferdekraft der Maschine und die Bewaffnung dieses Dampfers ist dieselbe wie jene des *Barbarossa*.
Inca (Großherzog von Oldenburg) und *Cacique (Frankfurt)* sind ganz neu; das Verdeck derselben, obgleich stark und fest, ist jedoch nicht durchaus von fehlerfreiem Holze.
Ernst August ist circa ½ Jahr alt.
Die anderen Dampfer sind beiläufig im nachstehenden Alter, und mit Ausnahme des Verdecks vom Dampfer *Erzherzog Johann*, welches einer starken Ausbesserung bedarf, oder aber sowie dessen weit hervorragendes überhängendes Heck, ganz neu zu machen wäre, und der auch neue Masten zu bekommen hätte, zeigen dieselben überall nur gesundes, festes und Dauerhaftigkeit versprechendes Holz.

Hansa ist circa 2 bis 3 Jahre,
Erzherzog Johann circa 7 Jahre,
Barbarossa circa 7 Jahre,
Bremen circa 5 bis 6 Jahre,
Lübeck circa idem,
Hamburg circa idem alt.

Die Kessel der Dampfer sind gut, und dürften die ältesten derselben noch einige Zeit dienen können; alle anderen Theile der Maschinen versprechen noch lange Dienstzeit.
Nur der *Ernst August*, *Cacique* und *Inca* haben oscillirende Cylinder und letzterer auch Räder à la Morgan, die jedoch in soliden Dimensionen gehalten sind. Tubular-Kessel haben nur die drei letztgenannten Schiffe.
Gangspille sind beinahe durchgängig »à l'engrainage«.
Die in der Geeste liegende *Deutschland* ist durchaus keine Kriegsfregatte; schön und gut getakelt aber ist ihre Bemastung. Die starke Bauart und Breite dieses Schiffes dürfte es jedoch zulassen, demselben statt der innehabenden vielen kurzen Kanonen, eine angemessene Zahl langer 68pfündiger Bombenkanonen zu geben, und dasselbe sonach durch die Tragweite und Kaliber seiner, wenn auch nicht mehr so zahlreichen Artillerie, bedeutend kriegsfähig zu machen.
Der Unterricht, welcher den Seejunkern auf der Fregatte *Deutschland* ertheilt wird, scheint zu ganz befriedigenden Resultaten geführt zu haben.
Die in Eckernförde geankerte Fregatte *Gefion* ist ein Muster moderner

Schiffsbaukunst und verspricht ein vortrefflicher Segler zu sein, deren innere Haltung jedoch in letzter Zeit aus dem Grunde viel zu wünschen übrig läßt, weil der Commandant derselben irrigerweise glaubte, die in Bordarrest und Untersuchung befindliche Mannschaft nicht zu Arbeiten und Reinigung des Schiffes verwenden zu dürfen, worüber ich ihn aber gehörig orientirte, um so mehr als ich mit Vergnügen die viele Sorgfalt entdecke, mit welcher derselbe für die Reinlichkeit und Conservation aller zum Schiffe gehörigen am Lande befindlichen Geräthschaften und Materialien mit bestem Erfolge bedacht ist.

Die Fregatte hat nur einen kleinen Theil ihrer Geschütze, da die meisten noch in Rendsburg sind; auf derselben befinden sich circa 80 Mann Equipage und eine zeitliche Besatzung von 1 Offizier und 50 Mann der zu Eckernförde garnisonirenden Königlich-Preußischen Landtruppen. Die von einem holsteinischen Auditeur, Christiansen, auf Einladung des Admiral Brommy gepflogene Untersuchung des kürzlich auf der Fregatte vorgefallenen subordinationswidrigen Benehmens eines Theils der Mannschaft, dürfte ehestens beendet sein.

Auf meine Fragen, ob die Equipage jetzt ruhig, gehorsam und willig sei, und ob die Besatzung von Landtruppen unter den Befehlen des Commandanten der Fregatte stehe und denselben Folge leiste, erwiderte mir Lieutenant-Commandant Poppe mit entschiedener Bejahung, weshalb vor der Hand und bis zum Abschlusse der Untersuchungen keine andere Maßregel anwendbar ist.

Die in »Vegesack« befindlichen 26 nicht bemannten Kanonenböte, wenn ich gleich mit deren Construction nicht einverstanden sein kann, sind jedoch immerhin vermöge der Geschütze die sie führen, keineswegs zu verachten; dieselben haben nämlich eine 68pfündige Bombenkanone vorne, und einen 32pfünder rückwärts. Bei einem gemachten Versuche mit dem *Ernst August* ein Kanonenboot bei ruhiger See mit voller Kraft (Schnelligkeit über 11 Seemeilen auf die Stunde) zu schleppen, stellte sich hervor, daß dasselbe durch die Klüsen so viel Wasser einnahm, daß nach wenig Minuten mit halber und viertel Kraft gegangen werden mußte, um das Kanonenboot nicht sinken zu machen und zu verlieren; da aber das Eindringen des Wassers nur durch die Klüsen und keineswegs von oben geschah, so wird es ein Leichtes sein, diesem Uebelstande abzuhelfen, und die Kanonenböte bei ruhigem Wetter auch auf der See verwendbar zu machen.

Das zu Bremerhaven am Lande befindliche Detaschement der Marine-

Infanterie ist in einem gemietheten nicht sehr bequemen Privathause so gut als möglich untergebracht. Haltung und Aussehen dieser Leute ist ganz gut. Aus dem Defiliren und einigen Handgriffen derselben sah ich, daß das Exerciren mit Erfolg betrieben wird. Tambours, von Pfeifern begleitet, rühren mit gelenkiger Hand die Trommel und schlagen mit gutem Tact die für die deutsche Flotte eigens componirten Märsche und Trommelstreiche.

Das Spital zu Bremerhaven ist ebenfalls nur ein kleines Privathaus, jedoch für den augenblicklichen Bedarf mehr als hinreichend geräumig. Für die Kranken wird die gehörige Sorge getragen und dieselben haben die erforderliche Bedienung.

Der Sanitätsdienst und die Verwaltung desselben ist sowohl am Lande als auch auf den Schiffen, unter der Leitung des sehr eifrigen dirigirenden Stabsarzts Dr. Heins, einfach und zweckmäßig eingerichtet und mit vieler Ordnung geführt. Dem Spital von Bremerhaven ähnlich, aber besser ist das kleine Marine-Spital zu Brake; sowohl das eine als auch das andere haben eine kleine Apotheke im Hause.

Die Marine-Haupt-Apotheke zu Bremerhaven ist mit allem Erforderlichen versehen, und die Schiffsapotheken der ausgerüsteten Dampfer sind mit vieler Sorgfalt und ganz zweckmäßig eingerichtet.

Die nicht beträchtlichen und bei Weitem unzulänglichen Vorräthe an Material für die Schiffe sind in zwei Privatgebäuden nach Thunlichkeit aufbewahrt und für den Augenblick so gut als möglich gesichert, obgleich in einem jener Gebäude das untere Stockwerk von Privaten als Magazin benutzt ist.

Die Artillerie-Gegenstände sind zum Theil untergebracht; für die nicht montirten Geschütze die vor einem der obigen Gebäude auf Balken liegen, ist kein eigener Ort vorhanden.

Die Projectilen sind in der Nähe der Batterie, theils (Hohlkugeln) in einer geschlossenen Baracke, theils unter freiem Himmel in Pyramiden aufgeschichtet.

Der Pulverthurm, etwa eine halbe Stunde von Bremerhaven, ist von Holz, ziemlich geräumig und trocken. Nicht ferne davon ist das Laboratorium und das Wachhaus, wo Königlich Hannover'sche Truppen den Dienst versehen; es mögen bei 1,000 Faß Pulver im obigen Depot sein, worunter ein Theil schon vor vielen Jahren erzeugt wurde.

Das Montur-Depot zu Bremerhafen besitzt einen für den ersten Augenblick hinreichenden Vorrath an Kleidungsstücken und an Wäsche für die

Equipagen; die Hemden sind halb Leinen halb Baumwolle – die Hosenzeuge für den Sommer aber von ganz vortrefflichem Leinen; alle Tuchsorten und wollenen Winter-Unterziehhosen sind von guter Gattung. Auch in diesem Depot herrscht viel Ordnung.

Das Kassenwesen ist insofern in befriedigender Ordnung, als jede Einnahme und Ausgabe in die Register eingetragen und mit den gehörigen Belegen versehen ist; die neue von der Hohen Bundes-Central-Commission erlassene Kassenordnung wird nun allmählig ins Leben treten.

Die Material-Verwaltung wird bereits nach dem Entwurfe ordnungsmäßig besorgt, welchen der sehr beflissene und eifrige Hauptmann Weber unter den Auspicien des Admiral Brommy aufgesetzt hat, und der mit wenigen Abänderungen von der Hohen Bundes-Central-Commission genehmigt worden ist.

Das Steinkohlenlager in Bremerhafen ist nahe am Hafen gelegen, mit Holzplanken geschlossen und gedeckt, und dürfte bei 1 500 Tonnen guter Steinkohlen enthalten; auch in Glückstadt hat die deutsche Flotte bei 12 bis 1 500 Tonnen Steinkohlen liegen.

Das Trockendock zu Brake, worin der Dampfer *Erzherzog Johann* liegt, ist geräumig und verdient von innen verkleidet zu werden; die Schleuse dazu ist bereits von der Hohen Bundes-Central-Commission bewilligt worden.

Auf dem *Erzherzog Johann* ist eine Schiffsjungen-Schule angelegt, welche die besten Resultate liefert – die Jungen machen Fortschritte im Lesen, Schreiben, Arithmetik, und exerciren recht brav mit Gewehr und Segel; ihre Zahl ist nur 20 und wäre zur ferneren Heranbildung von guten Chargen zu erweitern.

Aus dieser gedrängten aber der Wahrheit getreuen Schilderung der deutschen Marine dürfte sich gleichzeitig das Factum klar hervorstellen, daß Admiral Brommy dem schwierigen Posten eines Chefs dieser Marine ganz gewachsen ist.

Frankfurt a. M., den 26. März 1850. v. Bourguignon,
Fregatten-Capitain.

Beilage VII (S. 31–35) zur Zweiten Darstellung der Lage des Finanzhaushaltes des deutschen Bundes mit besonderer Berücksichtigung der Verhältnisse der deutschen Marine und der Beitragsleistungen für dieselbe (Druck).
Bundesarchiv. Außenstelle Frankfurt am Main. Signatur: DB 64 II/2 H 1, fol. 89–91.

Anhang 2

Die nachstehend abgedruckte Rangliste erfaßt genau den Stand vom 1. Mai 1850. Es haben jedoch noch weitere Offiziere auf den Schiffen der erster deutschen Flotte 1848–1853 Dienst getan, so der auf Abb. 50 dieses Buches im Kreise seiner Familie dargestellte, offenbar vermögende Marine-Auxiliaroffizier *C. G. Clodius,* über dessen dienstliche Laufbahn Dr. Paul Heinsius folgendes mitteilt: Clodius war am 27. 12. 1810 in Bremen geboren, arbeitete als Schiffszimmermann, danach als Matrose auf nordamerikanischen Kriegsschiffen und fuhr 1840 bis 1847 als Steuermann und Kapitän für die Reederei J. G. Hagemeyer. 1848/49 hatte er in Leer die Bauaufsicht über die dort bestellten 4 Kanonenboote für die Reichsmarine, die zur Ems-Flottille treten sollten. Unter dem Datum des 5. April 1849 wurde Clodius vom Reichsverweser Erzherzog Johann zum Hilfsoffizier der Marine ernannt. Anfang 1850 als Wachoffizier auf die Radfregatte »Barbarossa« versetzt, zog er sich wegen Schlägerei mit einem Seejunker eine disziplinarische Bestrafung zu und wurde am 21. Mai 1850 ohne Berechtigung zum Tragen der Uniform aus der Marine entlassen. Er fuhr danach selbständig als Kapitän einer eigenen Schonerbrigg und starb am 4. November 1870.

Über den gleichfalls in diesem Buch mit Porträt (Abb. 51) genannten Freiwilligen Seejunker (Seekadett) Dietrich Adolf *Karl Groß* sind aus der Rangliste neben den vollständigen Vornamen und dem Herkunftsort Brake auch das Geburtsjahr 1833 und sein früherer Beruf (Gymnasiast) zu entnehmen. Der damals 18jährige Groß war Neffe des Admirals Bromme.

Der in der Rangliste unter den Leutnanten 1. Kl. (Kapitänleutnant) unter Nr. 6 aufgeführte *Themistocles du Colombier,* geboren 1818 in Tournai und früher Schiffsoffizier in der belgischen Marine, Inhaber des Ordens der Ehrenlegion, erhielt am 13. 7. 1851 von dem Großherzog Paul Friedrich August von Oldenburg das »Ehren-Kleinkreuz des Haus- und Verdienstordens Herzogs Peter Friedrich Ludwig« (BA Frankft. 79 L 022). Er war vom 18. 3. 1850 bis 14. 4. 1852 stellvertretender Kommandant der »Barbarossa« gewesen, schied mit der Übergabe des Schiffes an Preußen aus der Bundesmarine aus. Sein Diensthut mit Kokarde befindet sich jetzt im Scheepvartmuseum, Amsterdam.

Die diesem Anhang 2 nachgestellte Entlassungsurkunde nennt den in der Rangliste unter den Hilfsoffizieren als Nr. 6 aufgeführten, damals 36jährigen ehemals Hamburger Schiffskapitän *Albert Jacobsen,* der 1849 unter Bromme das Helgolandgefecht mitgemacht hatte.

Liste der Offiziere, Fähnriche und Seejunker sowie des Marinierkorps und des Sanitätswesens nach dem Stande vom 1. Mai 1850, aufgestellt von Konteradmiral Brommy.

Lfd. Nr.	Stellung	Name	Geburtsjahr	Geburtsort	Frühere Dienstverhältnisse	Bemerkungen
1	Konteradmiral	**Brommy,** Karl Rudolf	1804	Anger bei Leipzig	Schiffskapitän in engl. und griech. Diensten	Geschwaderbefehlshaber im Seegefecht bei Helgoland 4. Juni 1849
1	Korvettenkapitän	**King,** Thomas	1797	Sandgate, England	Schiffskapitän in englischen Diensten	Kommandierte im Seegefecht b. Helgoland am 4. Juni 1849 die Dampffregatte „Barbarossa“.
2	Leutnant 1. Kl.	**Jackson,** Georg William	1813	Winchester, England	Leutnant in engl. Diensten und Führer eines eigenen Kauffahrteischiffs.	
3	Leutnant 1. Kl.	**Reichert,** Theodor Julius	1810	Altona	Kauffahrteikapitän	Seegefecht bei Helgoland
4	Leutnant 1. Kl.	**Thatcher,** Thomas William	1819	Kent, England	Offizier in engl. Diensten	Desgl.
5	Leutnant 1. Kl.	**Pougin,** Edmund Francois Zephirim	1819	Mons, Belgien	Enseigne de vaisseau in der belg. Marine	
6	Leutnant 1. Kl.	**du Colombier,** Themistocles	1818	Tournay, Belgien	Desgl.	Inhaber des Ordens der Ehrenlegion
7	Leutnant 1. Kl.	**Tratsaert,** Peter	1813	Ostende, Belgien	Leutnant in belg. Diensten	
8	Leutnant 1. Kl.	**Gérard,** Charles	1819	Namur, Belgien	Enseigne de vaisseau in der belg. Marine	
9	Leutnant 1. Kl.	**Tack,** August Hypolite Ludw.	1821	Venloo, Holland	Leutnant in der belg. Marine	
10	Leutnant 1. Kl.	**du Colombier,** Oscar Edmond Victor	1820	Tournay, Belgien	Desgl.	
1	Leutnant 2. Kl.	**Wieting,** Joh. Bernhard	1801	Vegesack	Kauffahrteikapitän	
2	Leutnant 2. Kl.	**Holst,** Johann	1814	Twielenfleth, Hannover	Trat als Obersteuermann in die Marine	
3	Leutnant 2. Kl.	**Poppe,** Heinrich Andreas Friedrich	1816	Lübeck	Trat als Steuermann in die Marine	

				Nordamerika	Ver. Staaten	
1	Hülfs-Offizier	**Paulsen,** Leonhard Friedrich	1822	Gr. Brebel, Schleswig	Obersteuermann auf Handelsschiffen	
2	Hülfs-Offizier	**Visser,** Hermann Lütjens	1819	Norden, Ostfriesland	Trat als Steuermann 1. Kl. in die Marine	Hat das Seegefecht bei Helgoland mitgemacht
3	Hülfs-Offizier	**Sadewasser,** Peter Ludwig	1822	Eckernförde	War Steuermann in der Handelsmarine	
4	Hülfs-Offizier	**Dreyer,** Karl Wilh. Theodor	1814	Hamburg	Trat als Steuermann 1. Kl. in die Marine	Desgl.
5	Hülfs-Offizier	**Griese,** Karl Wilh. Heinrich	1824	Hamburg	Handelsmarine; hat das Steuermann-Examen gemacht	Desgl.
6	Hülfs-Offizier	**Jacobsen,** Albert	1816	Hamburg	Trat als Schiffskapitän in die Marine	Desgl.
7	Hülfs-Offizier	**Sommer,** Vincent	1822	Frankfurt a. M.	Steuermann auf Handelsschiffen	Desgl.
8	Hülfs-Offizier	**Behrens,** Alfred	1822	Warendorf, Westfalen	Trat als Obersteuermann in die Marine	Desgl.
9	Hülfs-Offizier	**Müller,** Friedrich	1814	?	Kauffahrteikapitän	
10	Hülfs-Offizier	**Raschen,** Joh. Diedrich	1821	Vegesack	Desgl.	
11	Hülfs-Offizier	**Werner,** Reinhold Sigmund Heinrich	1825	Weferlingen, Prov. Sachsen	Obersteuermann auf Handelsschiffen	Desgl. [1875 Admiral, 1901 nob.]
12	Hülfs-Offizier	**von Breymann,** E. W. F.	1827	Sudenburg, Hannover	Lehrer an der Navigationsschule in Hamburg	
13	Hülfs-Offizier	**Förste,** Heinrich Wilhelm	1810	Bremen	Kapitän auf Kauffahrteischiffen, zuletzt als Masters Mate auf der amerik. Fregatte St. Lawrence	
14	Hülfs-Offizier	**Lauen,** Eugen	1809	Bremen	Trat als Schiffskapitän in die Marine	
1	Schiffs-Fähnrich	**Nölting,** Friedrich-Wilhelm Adolf	1824	Lübeck	Hat d. Steuermann-Examen in Hamburg bestanden	Hat das Seegefecht bei Helgoland mitgemacht
2	Schiffs-Fähnrich	**Bostelmann,** Fr. Julius Rudolf	1830	Hannover	Militär in schleswig-holsteinschen Diensten	Desgl.

Lfd. Nr.	Stellung	Name	Geburtsjahr	Geburtsort	Frühere Dienstverhältnisse	Bemerkungen
3	Schiffs-Fähnrich	**Mathieu,** Charles Henri	1824	Berlin	Trat als Steuermann 1. Kl. in die Marine	Hat das Seegefecht bei Helgoland mitgemacht
4	Schiffs-Fähnrich	**Thaulow,** Georg Philipp	1821	Apenrade, Schleswig	Obersteuermann auf der Handelsmarine	
5	Schiffs-Fähnrich	**Kinderling,** Friedr. Wilh. Franz	1820	Zossen, Prov. Brandenburg	Trat als Obersteuermann in die Marine	Desgl.
6	Schiffs-Fähnrich	**Büttner,** Georg Friedrich	1825	Neust.-Gödens, Ostfriesland	Machte als Steuermann Reisen	
7	Schiffs-Fähnrich	**Schädler,** Adolf	1825	Hamburg	Trat als Untersteuermann in die Marine	Desgl.
8	Schiffs-Fähnrich	**Ubbelode,** Joh. Aug. Wilh.	1824	Hannover	Steuermann auf Kauffahrteischiffen	Desgl.
9	Schiffs-Fähnrich	**Lübbers,** Johann	1826	Bremen	Trat als Untersteuermann zur Marine	War in dänischer Gefangenschaft
10	Schiffs-Fähnrich	**Kropp,** Wilhelm	1828	Bremervörde	Reisen; Steuermann-Examen 1. Kl.	
11	Schiffs-Fähnrich	**Fix,** Louis Ferdinand	1829	Luxemburg	Kadett in der belg. Marine	
12	Schiffs-Fähnrich	**Aschenfeld,** Andreas Karl Heinrich	1830	Segeberg in Holstein	Kadett in der dän., dann in der schlesw.-holstein. Marine	Hat das Seegefecht bei Helgoland mitgemacht
13	Schiffs-Fähnrich	**Tichy,** Paul	1827	Berlin	Steuermann-Examen 1. Kl.	
14	Schiffs-Fähnrich	**Schuirmann,** Gerh. Franz	1818	Emden, Ostfriesland	Steuermann auf holländ. und deutschen Kauffahrern	
15	Schiffs-Fähnrich	**Cattermole,** Wilhelm	1819	Blumenthal, Hannover	Machte Reisen als Obersteuermann	
16	Schiffs-Fähnrich	**Scheibel,** Joachim Cristoph Hermann	1828	Harburg	Trat als Steuermann 1. Kl. in die Marine	Hat das Seegefecht bei Helgoland mitgemacht
17	Schiffs-Fähnrich	**Neynaber,** Hermann August Friedrich	1822	Bersinghausen (? Barsinghausen) Hannover	Trat als Steuermann in die Marine	
18	Schiffsfähnrich	**Möller,** Johann Peter	1827	St. Pauli bei	Trat als Seeschiffer 1. Kl.	

				Detmold	schiffen	
20	Schiffs-Fähnrich	**Müller,** Georg Wilhelm	1826	Heiligenhafen, Holstein	Schiffsfähnrich in der schleswig-holsteinschen Marine	
21	Schiffs-Fähnrich	**Ungewitter,** Aug. Rudolf	1828	Osnabrück	Steuermann-Examen	
22	Schiffs-Fähnrich	**Lahmeyer,** Lüder Heinrich	1824	Altenesch, Oldenburg	Machte Reisen als Leichtmatrose; später Unteroffizier in der oldenburg. Artillerie	
23	Schiffs-Fähnrich	**Jung,** Hermann Ludwig	1827	Neustadt an der Dosse, Brandenburg	Trat als Steuermann 1. Kl. in die Marine	
1	Wirkl. Seejunker	**Nicolassen,** G. A.	1830	Hamburg	Wasserbau-Eleve	Hat das Seegefecht bei Helgoland mitgemacht
2	Wirkl. Seejunker	**Roennberg,** Karl Franz Heinrich	1832	Cuxhaven	Gymnasiast	Desgl.
3	Wirkl. Seejunker	**Schrader,** Georg Friedrich Ernst	1830	Bruchhausen, Hannover	Polytechniker in Hannover	Desgl.
4	Wirkl. Seejunker	**King,** Mathew Robert	1835	London	Schüler in Hamburg; Sohn des Korvettenkapitäns	Desgl.
5	Wirkl. Seejunker	**Jänicke,** Gustav	1832	Dessau	Gymnasiast	Desgl.
6	Wirkl. Seejunker	**Ennen,** Theodor Anton	1829	Aurich	Steuermann-Examen	Desgl.
7	Wirkl. Seejunker	**Bansa,** Eduard	1831	Frankfurt a. M.	Steuermannsschüler in Emden	
8	Wirkl. Seejunker	**Meyer,** Gustav Heinrich	1830	Hitzacker	Polytechniker in Hannover	
9	Wirkl. Seejunker	**Hohnholz,** Karl Gerhard	1828	Gehrde, Osnabrück	Apotheker	
10	Wirkl. Seejunker	**Rosenstock,** Georg Heinrich	1830	Vacha, Eisenach	Gymnasiast	
11	Wirkl. Seejunker	**Koch,** Hugo Karl Dietrich	1830	Lobsens, Prov. Posen	Gymnasiast	
12	Wirkl. Seejunker	**v. Rohrscheidt,** Arno	1832	Bautzen	Lernte d. Maschinenbaufach	
13	Wirkl. Seejunker	**Müller,** Carl *Maximilian*	1828	Hildesheim	Trat als Leichtmatrose in die Marine	
14	Wirkl. Seejunker	**Kolecky,** Theodor Joseph	1832	Meseritz	Trat als Student in die Marine	
15	Wirkl. Seejunker	**Becker,** Johann Gustav	1832	Lilienthal, Hannover	Hat Reisen auf einem Handelsschiffe gemacht	
16	Wirkl. Seejunker	**Hellmuth,** Karl August	1832	Kassel	Matrose	
1	Freiw. Seejunker	**v. Richthofen,** *Emil* Ludwig Friedrich	1834	Breslau	Realschüler in Berlin	

Lfd. Nr.	Stellung	Name	Geburts-jahr	Geburtsort	Frühere Dienstverhältnisse	Bemerkungen
2	Freiw. Seejunker	**Chüden,** Georg August Achaz	1834	Bruchhausen, Hannover	Gymnasiast	
3	Freiw. Seejunker	**Beens,** Georg Fr. Otto	1832	Rothenburg, Hannover	Handlungslehrling	
4	Freiw. Seejunker	**Grove,** Gustav Wilh. Aug.	1830	Warberg, Braun-schweig	Gymnasiast	
5	Freiw. Seejunker	**Pietsch,** Gustav Ernst	1832	Cunken, Ostpr.	Gymnasiast	[Kunken, Krs. Memel]
6	Freiw. Seejunker	**Preller,** Ernst	1835	Weimar	Gymnasiast	
7	Freiw. Seejunker	**Dreves,** Friedrich	1833	Arolsen	Gymnasiast	
8	Freiw. Seejunker	**Meckelburg,** Arnold Friedrich	1833	Oldenburg	Navigationsschüler	
9	Freiw. Seejunker	**Feldmann,** Dietrich Friedrich Ferdinand	1829	Colenfeld, Hannover	Privatgeometer	
10	Freiw. Seejunker	**Benefeld,** Friedrich Karl Alexander	1831	Koewe (?), Ostpr.	Gymnasiast	[wohl Kalwe(n), Krs. Memel]
11	Freiw. Seejunker	**Scheuermann,** Karl	1832	Langenschwalbach, Nassau	Gymnasiast	
12	Freiw. Seejunker	**Groß,** Dietrich Adolf Karl	1833	Brake	Gymnasiast	
13	Freiw. Seejunker	**Zedelius,** Konrad Justus Friedrich August	1830	Ovelgönne in Oldenburg	Leichtmatrose	
14	Freiw. Seejunker	**Glogstein,** Johann Ludwig	1829	Bremen	Untersteuermann-Examen	
15	Freiw. Seejunker	**v. Grävenitz,** Edm. Friedrich	1831	Berlin	Leichtmatrose	
16	Freiw. Seejunker	**Künoth,** Georg	1831	Bremen	Handelsbeflissener	
17	Freiw. Seejunker	**Butterlin,** Gustav Adolf	1833	Brätz, Provinz Posen	Matrose	[1858 LtzS »Gefion«]
18	Freiw. Seejunker	**Ulfers,** Franz Xaver	1829	Arnsberg	Matrose 2. Kl. [1858 OltzS »Gefion«]	Hat das Seegefecht bei Helgoland mitgemacht
19	Freiw. Seejunker	**Klüber,** Friedrich	1834	Kreutz-Wertheim in Unterfranken	Gymnasiast	
20	Freiw. Seejunker	**Kramer,** William	1830	Melle, Hannover	Leichtmatrose	
21	Freiw. Seejunker	**Jacobi,** Karl Justus *Ernst* Wilhelm	1830	Iburg, Hannover	Matrose	[1858 LtzS »Gefion«]

	Marinier-Korps				chischen Diensten	
2	Sekonde-Leutnant im Marinier-Korps	**Freudenthal,** Ernst Rudolf	1820	Posen	Premier-Leutnant in schleswig-holsteinschen Diensten	
3	Sekonde-Leutnant im Marinier-Korps	**Schöningh,** Eduard Karl Leo	1825	Meppen	Preußischer Einjährig-Freiwilliger	
4	Oberfeuerwerker	**Blättermann,** Johann Karl	1816	Mühlhausen in Thüringen	Oberfeuerwerker in preuß. Diensten	
1	Marinestabsarzt	**Heins,** Rudolf	1818	Harburg	Dr. med., Privatdozent zu Göttingen	
2	Arzt 2. Kl.	**Dirks,** Christ. Jakob Martin	1823	Hamburg	Praktischer Arzt	Hat das Seegefecht bei Helgoland mitgemacht
3	Arzt 2. Kl.	**Hermand,** Franz Joseph Theodor	1816	Birkenfeld	Praktischer Arzt	Desgl.
4	Arzt 2. Kl.	**Buchheister,** Karl	1823	Wolfenbüttel	Dr. med., Praktischer Arzt	
5	Arzt 2. Kl.	**Wagner,** Heinrich Wilhelm Ottomar	1831	Braunfels	Praktischer Arzt	
6	Arzt 2. Kl.	**Biel,** Karl Friedr. Aug.	1820	Fritzlar	Dr. med., Praktischer Arzt	
7	Arzt 2. Kl.	**Heusler,** Franz Joseph	1820	Aschaffenburg	Dr. med., Militärarzt	
8	Arzt 2. Kl.	**Aschenfeld,** Georg Friedrich Heinrich	1819	Kopenhagen	Militärarzt	
9	Unterarzt	**Stock,** Friedrich August Karl	1820	Koethen	Wundarzt	
10	Apotheker	**Cassius,** Martin Friedrich	1811	Münden, Hannover	Geprüfter Apotheker, zuletzt in Altona	Hat als Feldapotheker den schleswig-holsteinschen Krieg mitgemacht.

Summe: 100 etatsmäßige Offiziere, Kadetten, Ingenieure und Ärzte

Aus: Max Bär, Die deutsche Flotte 1848–1852. Leipzig 1898, S. 233–239. – Zusätze in [ ] vom Bearbeiter (Hubatsch).

[Von zwei Wirklichen Seejunkern (Jaenicke Nr. 5 und Müller Nr. 13) und fünf Freiwilligen Seejunkern (v. Richthofen Nr. 1, Beentz [sic!] Nr. 3, Kunoth [sic!] Nr. 16, Ulffers [sic!] Nr. 18 und Jacobi Nr. 21) sind Silhouetten-Porträts erhalten; acht namentlich bezeichnete sind im Bildteil dieses Buches abgedruckt. Eduard Fröhlich ist in der vorstehenden Liste nicht aufgeführt, doch in der Zeit vom 25. September bis 10. Oktober auf dem Schulschiff *Deutschland* bezeugt. Bei einem neunten Porträt fehlt die Namensangabe; silberne Abzeichen (ebenso bei Fröhlich anstelle der goldenen der Seejunker) weisen ihn als nicht zum Seeoffizierkorps gehörig (Marine-Arzt?, Ingenieur?) aus. Jedoch diente er in der gleichen Zeit auf der *Deutschland*.]

№ 3417.

Das Ober-Commando der Marine.

Nachdem das Präsidium der hohen Bundes-Versammlung unterm 22ten April dieses Jahres die Entlassung eines Theils des provisorisch angestellten Personals der Bundes-Marine verfügt hat, ertheilt Ihnen das Ober-Commando der Marine hiermit die Entlassung aus Ihrem zeitherigen Dienstverhältniß in der deutschen Bundes-Marine.

Bremerhaven, den 1ten May 1852.

OBER COMMANDO DER MARINE

R. Brommy
Contre-Admiral.

An
den Hülfsoffizier, Herrn
Albert Jacobsen.

Harke

№ 4/311.

Das Ober-Commando der Marine

an

das Commando der Dampf-Fregatte Hansa

In Folge hoher Verfügung erhält das Commando hiemit den Auftrag, die Dampf-Fregatte Hansa für-dersamst in das neue Dockbassin hierselbst zu bringen, sich wegen des Zeitpunkts dieser Einbringung mit dem deshalb durch das hiesige Amt bereits angewiesenen Hafenmeister Koch in Vernehmen zu setzen und dem Ober-Commando darüber Bericht zu erstatten.

Sobald die Dampf-Fregatte Hansa ihren bestimmten Platz in dem Bassin eingenommen hat, sind das sämmtliche etwa an Bord vorhandene Pulver, die geladenen Geschosse und alle sonstigen feuergefährlichen Gegenstände auszuschiffen, worüber, so wie über die Ablieferung dieser Gegenstände an das Arsenal mit der Zeugmeisterei das weitere zu verabreden bleibt.

Nächstdem ist das Inventar des Schiffes abzuschließen und letzteres selbst mit sämmtlichem an Bord verbleibenden Zubehör in Gegenwart des Herrn Landes-Commissarius

zur Klarstellung seiner rückständigen Rechnungs-
Angelegenheiten – zunächst der Cassenrechen – zu
melden. Vom Tage nach der Uebergabe wird derselbe
mit den zuständigen Competenzen von 35 f pr. Monat
in den Listen der Seezeugmeisterei geführt werden.

Bremerhaven, den 10. Januar 1853.

(gez:) K. Brommy
C. Admiral.

Zur Abschrift zur Kenntnißnahme und genau-
sten Nachachtung auch mit Bezug auf die Dampf-
fregatte Erzherzog Johann.

Bremerhaven, den 10. Januar 1853.

K Brommy
C. Admiral.

An
das Commando der Dampf-Fregatte
„Erzherzog Johann“

Anhang 3

Denkschrift,

betreffend

die Kriegs-Marine in Preußen,

deren

Entstehen, Organisation, Leistungen, Bestand und Verhältniß

zur

Deutschen Marine.

Als Manuscript gedruckt.

Berlin, 1849.

Gedruckt in der Deckerschen Geheimen Ober-Hofbuchdruckerei.

Denkschrift

Das Erforderniß einer Kriegs-Marine zum Schutze von Preußens Handel und Küsten ist niemals verkannt worden.
Die Errichtung zunächst nur einer Seewehr, zum direkten Schutz der Preußischen Küsten und Einfahrten aus der See in die Binnen-Gewässer, war seit langen Jahren Gegenstand kommissarischer Erörterungen.
Das Ergebniß der letztern wies hin: Auf die Beschaffung einer Anzahl Kanonenboote, und einiger leichterer Kriegs-, Dampf- und Segelschiffe.
Die Lage des Staats-Haushaltes verhinderte indessen, die Organisation in's Leben treten zu lassen und Alles, was Preußen zu Anfang des Jahres 1848 an einigermaßen brauchbaren materiellen See-Streitmitteln aufzuweisen vermochte, reducirte sich auf
2 Kanonenjollen à ein 25pfündiges Bomben-Kanon, nach dänischem Muster versuchsweise gebaut; die Segel-Korvette *Amazone* zunächst als Uebungsschiff für die Navigationsschüler bestimmt, und mit nur 12 leichten 18pfündern armirt, und auf
das Post-Dampfschiff *Preußischer Adler,* für die Fahrten zwischen Stettin und Petersburg designirt, in Eisen konstruirt. Es sollte vorbedungenermaßen geeignet sein, mit zwei 8zölligen Bomben-Kanonen und vier 32pfündern armirt zu werden, war jedoch ohne Vorrichtungen hierzu, zu schwach in den Deckbalken und ohne Geschütze und Laffeten.
Eine kriegsmäßige Bemannung fehlte.
Von den [im Uebrigen] vorhandenen Preußischen Regierungs- und Privat-Dampfbooten waren nur wenige zu einer Geschütz-Armirung überhaupt, keines zur Aufnahme schwerer Kaliber geeignet. – So vortreffliche Handelsschiffe die Preußische Rhederei auch besitzt, Kauffahrtei-Segelschiffe sind, nach dem heutigen Standpunkte der Kriegs-Marinen, niemals in brauchbare Kriegsschiffe umzuwandeln; höchstens, in beschränkten Fällen, als Blockschiffe brauchbar.
Mit der nationalen Begeisterung für die Gründung einer Deutschen Kriegs-Marine, im Frühjahr 1848, traf der Gebrauchsfall einer solchen zusammen.

Aus der ersteren klärte sich alsbald die Ueberzeugung ab, daß die Aufbringung der finanziellen und personellen Mittel, zur Gründung einer Flotte, für Deutschland nicht unerschwinglich sei. Nicht so gelang es, dem gleichzeitig eingetretenen Bedarf einer Flotte gegenüber, der Ueberzeugung Eingang zu verschaffen, daß es, außer jenen Mitteln, noch eines wesentlichen Faktors zur soliden Gründung einer Kriegs-Marine bedarf, nämlich der Zeit.

Seit langen Jahren war in Preußen, wie in Betreff einer Seewehr, so auch in Betreff eines weiteren Aufschwungs der Marine-Angelegenheiten, die Organisation und Zusammensetzung einer Deutschen Flotte, mit stetem Hinblick auf die Vervollkommnung, welcher das Flottenwesen bei den größeren Seemächten entgegengeführt wurde, in Betracht gezogen worden. Das Ergebniß findet sich niedergelegt in der seit dem Sommer v. J. im Druck erschienenen Denkschrift über die Bildung einer Deutschen Kriegsflotte (vom Marine-Ausschuß der Bundes-Versammlung als Manuscript veröffentlicht). Sie gliedert, naturgemäß von der Gründung zur weiteren Entwickelung schreitend, das Unerläßliche zum direkten defensiven Küstenschutz; das Nothwendige zum Schutze des Handelns auf offenem Meere und entfernten Stationen, und berührt das hierüber Hinausliegende – die Erhebung Deutschlands zu einer Seemacht ersten Ranges – nur im Hinweis auf die große Zukunft, der Deutschland entgegen reifen kann.

Demgemäß werden in jener Denkschrift:

Kanonenboote und leichtere Dampfschiffe (Korvetten und Avisos) für den direkten Küstenschutz, so wie

60er Kanonen-Fregatten und Dampf-Fregatten für den nächsten Kern einer Deutschen Marine,

als die geeignetsten Schiffs-Gattungen bezeichnet; dagegen wird empfohlen

von dem Bau von Linienschiffen vorerst ganz abzusehen.

Ein von Privaten zu Stralsund gewähltes Marine-Comité, das Hamburger Marine-Comité, der Marine-Ausschuß der Frankfurter National-Versammlung – endlich späterhin auch die technische Reichs-Marine-Kommission – Alle trafen in ihren Gutachten über die zunächst zu beschaffenden Schiffs-Gattungen mit jenen Vorschlägen meist überein, und differiren mehr nur in der Anzahl der Schiffe jeder derselben.

Es konnte ein Zweifel darüber nicht obwalten, daß es Preußens allseitiger Stellung zukäme, wie im Uebrigen so auch in der Angelegenheit der

Marine, den andern Deutschen Staaten voranzugehen, mit aller Energie die Bildung eines Kernes der Kriegs-Marine anzustreben, den andern Staaten Deutschlands überlassend: späterhin demselben sich anzuschließen.

Demgemäß wurde bereits im Monat Mai und Juni v. J. die Ansicht geltend gemacht, sofort

mit dem Bau einer Anzahl von Kanonenbooten und der Organisation eines Stammes zur Bemannung derselben vorzugehen;

Holz-Ankäufe zum Bau einiger größeren Schiffe zu bewirken und Vorbereitungen zu deren Bau zu treffen; Zeichnungen oder resp. einige Schiffe als Modell vom Auslande zu beziehen, um sodann auf eigenen Werften und in inländischen Maschinen-Bauanstalten, mit dem Bau größerer Kriegsschiffe unverzüglich vorzuschreiten.

Die Geldmittel zum Bau von Kanonenbooten (38 Schaluppen und 2 Jollen) und zu Holz-Ankäufen wurden bewilligt; im Uebrigen aber sprach sich im August v. J. die Majorität des damaligen Ministerrathes gegen ein weiteres selbstständiges Vorschreiten Preußens in der Marine-Angelegenheit aus, und hielt dafür, daß die Initiative von Frankfurt abgewartet werden müsse.

Es wurden

in Stettin 2 Kanonenschaluppen nach dänischem Modell, 2 dergleichen nach schwedischem Modell in Holz,

in Berlin 2 dergleichen nach ähnlichem Modell in Eisen, und 2 Kanonenjollen in Eisen,

auf den Stapel gestellt.

Außerdem waren von einem Privat-Comité

zu Stralsund 1 Kanonenschaluppe nach dem Modell eines früheren Haff-Kanonenbootes in Holz; und von einem Comité

zu Stettin 2 Kanonenjollen nach dänischem Modell gleichfalls in Holz, auf den Stapel gestellt worden, für welche die von den resp. Comité's nachgesuchte Armirung und Ausrüstung, bei der Uebergabe der Fahrzeuge zum Staatsdienste, zugesagt wurde.

Eine größere Anzahl Kanonenboote gleichzeitig auf den Stapel zu stellen, war nicht rathsam.

Die hier vorhandenen Zeichnungen der schwedischen und dänischen Kanonenschaluppen waren nur generell; zahlreiche Details fehlten darin. Welcher Zeichnung der Vorzug zuzuerkennen, war à priori nicht zu ermitteln.

Die hier vorhandenen Geschütze zur Armirung der Schaluppen (25pfündige Bomben-Kanonen und lange 24pfünder) haben größeres Kaliber und Gewicht und andere Abmessungen, als die ähnlichen Geschütze, mit denen die dänischen und schwedischen Schaluppen armirt werden. Es war daher angemessen, zuvor eine geringere Anzahl Fahrzeuge zu vollenden, sie Behufs einer gemeinschaftlichen Prüfung zu einer Uebung zusammen zu ziehen und von deren Ausfall die Bestimmung des Modells abhängig zu machen, nach welchem alsdann die übrigen Kanonenboote zu bauen wären.
Die Beiräthigkeit paßlicher, einigermaßen ausgetrockneter Hölzer; die Unbekanntschaft der Vormänner mit vielen, Kriegsfahrzeugen eigenthümlichen Details; die Renitenz von Arbeitern, in Absicht auf Erlangung höherer Löhne in Stettin; endlich die Cholera, welche damals besonders die Werft-Arbeiter Stettins heimsuchte, verhinderten – aller angewendeten Beschleunigungsmittel ungeachtet – früher als Anfangs November v. J. die 4 in Stettin gebauten Schaluppen mit Einer der in Berlin gebauten, dem Stralsunder Haff-Kanonenboot und den 4 Jollen, nachdem sie mit der bereit gehaltenen Bemannung versehen, mit Geschütz und Munition ausgerüstet worden, im Greifswalder Bodden bei Puttbus unter dem Kommando des aus dem Königlich Holländischen Kriegs-Marinedienst als Navigations-Direktor in diesseitigen Dienst getretenen Korvetten-Capitains, jetzigen Kommodore Schröder, zur Uebung zu vereinigen.
Die bis dahin, unter der Benennung »Marine-Bataillon« in der Stärke von 465 Köpfen organisirte Bemannung bestand aus theils freiwillig eingetretenen, theils noch dienstpflichtigen Matrosen; aus freiwillig engagirten Artillerie-Unteroffizieren, Bombardieren und Artilleristen, die ihrer Dienstpflicht genügt hatten; und aus, der seemännischen Bevölkerung angehörigen Artilleristen und Pionieren des stehenden Heeres.
Die Führung der Kanonenboote wurde Handelsschiffs-Capitainen und Steuerleuten anvertraut, die sich zum versuchsweisen Eintritt in die Kriegs-Marine bereit erklärten.
Für die artilleristischen und baulich-technischen Beziehungen wurden einige Artillerie- und Ingenieur-Offiziere kommandirt und die so gebildete gesammte Bemannung mit Ober- und Unteroffizieren so lange bis sie mit den ausgerüsteten Fahrzeugen unter den Befehl des Marine-Befehlshabers gestellt wurde, dem Kommando eines, zugleich mit der Di-

rektion des in Stettin errichteten Marine-Depots betrauten Stabsoffiziers untergeordnet.

Diese Organisation vereinte zwar alle Elemente einer guten kriegsmäßigen Bemannung; aber die Vorbildung der Elemente war nur erst eine einseitige. Wenn auch zum Theil bereits disciplinirt, fehlte doch den Seeleuten die Kenntniß der Geschützbedienung, den Artilleristen die seemännische Befähigung. Die ersten fertig werdenden Fahrzeuge wurden daher so viel als möglich zu Vorübungen der Mannschaft benutzt.

Die Uebung im Greifswalder Bodden bei Putbus wurde gegen Ende des Monats November 1848 geschlossen. Die Ergebnisse waren befriedigend. Die Fahrzeuge trugen die Geschütze vollkommen gut. Im Scheibenschießen wurden 70 bis 60 Prozent Treffer auf 1 800 bis 2 000 Schritt, bei ziemlich ruhiger See, gegen eine Scheibenwand von Länge und Höhe eines Korvetten-Rumpfes erzielt.

Es bestätigte sich ferner die schon früher aufgestellte Ansicht, daß die kleineren Kanonenboote, die sogenannten Jollen (armirt mit einem 25pfündigen Bombenkanon und besetzt mit 1 Unteroffizier und 20 Mann) nur zur Vertheidigung in Strom-Mündungen und auf beschränkteren ruhigeren Binnen-Gewässern brauchbar seien: weshalb von dem ferneren Bau dieser Fahrzeuge abgesehen wurde. Von den größeren Kanonenbooten (den Schaluppen, jede armirt mit einem 25pfündigen Bombenkanon und einem langen 24pfünder und besetzt, außer dem Führer, mit 2 Unteroffizieren und 60 Mann) erwiesen sich die, nach dänischem Modell erbauten, als bessere Ruder- und Segel-Fahrzeuge, weshalb dafür sentirt wurde: die übrigen noch auf den Stapel zu stellenden Kanonenschaluppen nach eben diesem Muster zu erbauen, vorbehaltlich einiger kleinen Verbesserungen, welche sich im Verlaufe der Uebung als nothwendig oder wünschenswerth herausgestellt hatten und im Uebungsbericht angezeigt waren.

Es stand nunmehr dem Bau-Anfang der übrigen Kanonenschaluppen nichts mehr entgegen.

Inzwischen war jedoch in Frankfurt a. M. eine Summe von 6 Millionen Thaler zur ersten Gründung einer Deutschen Flotte votirt, dem Reichs-Handels-Ministerium die Marine-Angelegenheit zugewiesen, bei diesem eine Marine-Abtheilung für die Verwaltung und eine technische Reichs-Marine-Kommission unter dem Präsidium des Prinzen Adalbert von Preußen, Königliche Hoheit, – letztere aber lediglich als vorberathende und begutachtende Instanz – eingesetzt worden.

Die Majorität des damaligen Königlichen Staats-Ministerii entschied sich unterm 23sten Oktober 1848, wenn auch mit dem Vorbehalt:
daß in der Ostsee ein diesseitiger Hafen zum Haupt-Kriegshafen gewählt werde, und daß die diesseitigen Werften und Maschinen-Bau-Anstalten bei dem Bau von Kriegsschiffen entsprechend betheiligt würden,
sowie unter der Verwahrung,
daß Preußen nicht darauf verzichte, über die Grenzen seiner Matrikular-Beiträge hinaus, unter Umständen Kriegsschiffe auf eigene Rechnung zu bauen und zu bemannen,
für das Hingeben der Angelegenheiten der Kriegsmarine an die damalige provisorische Centralgewalt Deutschlands.
Hiernach konnte es ferner nicht für zulässig erachtet werden, ohne vorgängige Verständigung mit der Reichs-Marine-Behörde, mit dem Bau der Kanonenschaluppen weiter vorzuschreiten.
Die Sitzungen der technischen Reichs-Marine-Kommission wurden am 20sten November 1848 in Frankfurt a. M. eröffnet.
Ueber ihre bis zum 8ten Februar 1849 fortgesetzte Thätigkeit enthalten die in Einem Exemplar hier asservirten Protokolle und deren Anlagen das Ausführliche.
Es genügt hier, nur Folgendes über ihre Vorschläge und Anträge anzudeuten:
Von der Organisation einer Flotte, welche Deutschland in die Reihe der Seemächte ersten Ranges stellen würde, hat die Kommission vorerst absehen zu müssen geglaubt und ihre detaillirten Vorschläge nur auf dasjenige beschränkt, was insbesondere Norddeutschlands Küstenschutz und der Schutz seines Handels auf offenem Meere und entfernten Stationen bedingt.
Dazu wurden erforderlich erachtet:
15 Segel-Fregatten von 60 Kanonen (wo möglich zugleich mit Schrauben-Dampf-Maschinen, als Auxiliair-Kraft versehen; 5 Dampf-Fregatten, 20 Dampf-Korvetten, 10 Dampf-Aviso's mit Schaufelrädern; 5 Schooner, 80 Kanonenschaluppen.
Vorhanden waren zu der Zeit bereits
der *Deutschland,* die 3 Dampfschiffe des Hamburger Comité's, die Segel-Korvette *Amazone,* der Schooner *Elbe* und einige Kanonenboote.
Mit Rücksicht auf den event. Wiederausbruch der Feindseligkeiten nach Ablauf des Malmöer-Waffenstillstandes wurde für dringend nothwendig erachtet, nach Möglichkeit dahin zu streben:

einige große zur Kriegs-Armirung geeignete Dampfschiffe in England oder Amerika zu kaufen;
noch eine Anzahl von circa 7 armirbaren Deutschen Post- und Handels-Dampfschiffen, wie sie in der Nord- und Ostsee gefunden werden möchten, im Voraus zu designiren, und ihre Kriegsarmirung vorzubereiten;
eine Dampf-Korvette und zwei Dampf-Aviso-Schiffe in England unter der ausdrücklichen Vorbedingung bauen zu lassen, daß die Baumeister sofort ein vollständiges Exemplar der Detail-Schiffs- und Maschinen-Zeichnungen aushändigen, damit hiernach unverzüglich zum Bau von einer Anzahl von etwa 10 Aviso-Dampfschiffen, namentlich von 6 dergleichen auf eigenen Werften an der Ostsee geschritten werden könne, um solche, wenn auch nicht bis zum Ablaufe des Waffenstillstandes, so doch im Verlaufe der etwa wieder beginnenden Feindseligkeiten, in demjenigen Meere gebrauchsfertig zu haben, auf dessen Küsten der Haupt-Kriegsschauplatz Deutschlands gegen Dänemark liege, in dessen Gebiet voraussichtlich keine zum Kriegszweck geeignete Schiffe käuflich, wenige zu einer kümmerlichen Armirung überhaupt brauchbare, zu finden wären, und in welches, nach Wiederausbruch des Krieges, Schiffe aus der Nordsee herüber führen zu können, nicht leicht verhofft werden dürfte.
Ferner wurde dafür gestimmt:
im Ganzen und namentlich zum Gebrauch in der Ostsee bis 80 Kanonenschaluppen (und zwar, unter einigen Modifikationen, nach Dänischem Modell) zu bauen,
davon circa 40 in Preußen direkt durch die diesseitigen Behörden. Diese Fahrzeuge sollten demnächst, – gemäß des von der provisorischen Centralgewalt angenommenen Anerbietens der diesseitigen Regierung – nebst der vorhandenen Bemannung und gegen Anrechnung der wirklichen Kosten auf die 2te Matrikular-Rate Preußens für die Reichs-Marine übernommen werden.
Endlich wurde noch vorgeschlagen:
10 sogenannte »Ever« als Kanonenboote zum Gebrauch für den Küstenschutz in der Nordsee zu armiren.
In wieweit und in welcher Art diese Anträge der technischen Reichs-Marine-Kommission Seitens des betreffenden Reichs-Ministeriums in der Nordsee und in Schleswig-Holstein zur Ausführung gebracht worden sind, ist bekannt. Es wird genügen, in dieser Beziehung auf die durch

den Druck veröffentlichte Denkschrift des damaligen Reichs-Ministers des Handels, Duckwitz, Bezug zu nehmen und hier nur folgende Fakta anzuführen:

1. Es ist an der zur Zeit vorhandenen Deutschen Kriegs-Marine in der Nordsee ein tüchtiger Kern Deutscher Seemacht gewonnen worden, geeignet zur weiteren gedeihlichen Entwickelung und Fortbildung des ganzen Instituts;
2. Preußen ist dabei mit nahe dem vollen Betrage seiner ersten Rate des Matrikular-Betrages von 903,249 Rthlr. 18 Sgr. 6 Pf. betheiligt, indem hiervon baar nach Frankfurt gezahlt worden sind 891,499 Rthlr. 10 Sgr. 7 Pf. noch zahlbar sind 11,750 Rthlr. 7 Sgr. 11 Pf.*
3. Es hat während des Krieges mit Dänemark von den, durch das Reichs-Ministerium beschafften maritimen Streitmitteln, nicht Schiff noch Mann zur Unterstützung der Vertheidigung Preußens ausgedehnter Küsten mitgewirkt.

In wieweit und in welcher Art jene Anträge der technischen Reichs-Marine-Kommission in Preußen zur Ausführung gebracht worden sind, erhellet aus Nachstehendem:

Aus dem bereits im Monat Mai 1848 dem Kriegs-Ministerium zur Disposition gestellten Fonds von 200,000 Rthl. zum Ankauf von Schiffs-Bauholz und den Vorbereitungen zum Bau größerer Schiffe unter Zurechnung derjenigen Geldmittel (circa 28,000 Rthlr.), welche Privat-Vereine dem Kriegs-Ministerium, mit der Vorbedingung ihrer Verwendung zum Bau eines Kriegs-Dampfschiffes »der Urwähler« in Danzig, überwiesen haben, sind einige Quantitäten Schiffs-Bauhölzer (im Betrage von circa 70,745 Rthlr.) zum Bau von etwa 2 Dampf-Korvetten und 2 Dampf-Aviso's theils in Stettin, theils in Danzig angekauft worden. Zufolge der von der technischen Reichs-Marine-Kommission an den Neubau von Schiffen genannter Gattung in England geknüpften Vorbedingung, sollten die Zeichnungen der Schiffe und ihrer Maschinen bereits im Monat Februar d. J. zu Händen des Reichs-Ministeriums gelangen. Sie sind der diesseitigen Regierung auch jetzt noch nicht offiziell zugekommen. Einzelne Blätter jener Zeichnungen, die indirekt hierher gelangten, befriedigen nicht. Es waren inzwischen der Königliche Schiffsbaumeister Elbertzhagen in Stettin und der Schiffsbaumeister Klawitter in Danzig diesseits beauftragt worden, die Entwürfe zu Dampf-Korvetten und

* Dieser Bestand hat sich seit Abfassung dieser Denkschrift um 1559 Rthlr. 19 Sgr. 9 Pf. vermindert, und beträgt daher eigentlich nur 10,190 Rthlr. 18 Sgr. 2 Pf.

-Aviso's, auf Grund ihnen mitgetheilter Konstruktions-Zeichnungen, zu bearbeiten. Diese Entwürfe sind nunmehr nahe vollendet und können dem Bau zu Grunde gelegt werden, wenn es nicht entsprechender befunden werden sollte, jetzt die fertig gewordenen englischen Schiffe selbst zum Modell zu nehmen.

Von den in Preußen befindlichen See-Dampfbooten erwies sich nur das Postschiff *Preußischer Adler* geeignet: eine der jetzigen Armirung von Kriegs-Dampfschiffen entsprechende Gattung schwerer Geschütze (zwei 25pfündigen Bombenkanonen und zwei 32pfündern) zu tragen. In absoluter Ermangelung kräftigerer Dampfschiffe wurde nächstdem noch das Postdampfschiff *Königin Elisabeth* und das Privat-Dampfboot *Danzig* zur Kriegs-Armirung (jedes mit einem kurzen 24pfünder und zwei leichten Karonaden) designirt und diese Armirung vorbereitet; die Armirung noch einiger, eben so schwacher Privat-Dampfboote aber wegen der übergroßen Miethsforderung der Eigenthümer unterlassen.

Um der Segel-Korvette *Amazone* eine einigermaßen bessere Geschütz-Ausrüstung zuzuwenden, wurde die Armirung von 4 kurzen 24pfündern vorbereitet, welche sie in Stelle von 4 ihrer kurzen 18pfünder erhalten konnte.

In der Sitzung der technischen Reichs-Marine-Kommission vom 4ten Dezember 1848 war der Beschluß gefaßt worden, den ferner zu bauenden Kanonenschaluppen das dänische Modell mit einigen jedoch nur unerheblichen, in dem Berichte über die diesseitige im November 1848 stattgehabte Uebung enthaltenen Modifikationen zu Grunde zu legen. Es sollten danach neue Zeichnungen in Frankfurt gefertigt werden. Die Vollendung und Versendung der letztern verzögerte sich; die Zeit drängte, wenn man den Hauptzweck nicht verlieren wollte, die Schaluppen möglichst zur Zeit des Ablaufs des Malmöer Waffenstillstandes gebrauchsfertig zu haben. Vor festgestellten Zeichnungen wollten die Schiffsbaumeister auf Kontrakt-Abschluß zum Bau nicht eingehen; daher wurden jene an sich nicht erheblichen Modifikationen hier in geeigneter Weise in ältere Zeichnungen eingetragen und nun sofort Alles aufgeboten, um die noch zu bauende Anzahl von Schaluppen zu entsprechenden Preisen auf möglichst kurze Lieferungszeit kontraktlich zu verdingen.

Die dem Ablaufe des Waffenstillstandes nahe gerückte Zeit und die Beiräthigkeit geeigneter Hölzer; die geforderten zu hohen Preise und verlangten übergroßen Zeitfristen, die Nothwendigkeit, den Bau auf die

Werfte der westlichen Ostsee-Provinzen zu beschränken, weil deren Küsten vorzugsweise das Kriegstheater der Kanonenboote bilden und weil die Schwierigkeit unverkennbar war, nach Wiederaufnahme der Feindseligkeiten, die Boote aus den östlichen Provinzen über See, oder rechtzeitig durch die Binnenschiffahrt, nach den Rügen'schen Gewässern zu bringen, nöthigten:
auf die ausschließliche Erbauung der Schaluppen in Holz und deren Uebertragung nur an die bereits anerkannt besten Meister, zu verzichten; einige Schaluppen bei inländischen Maschinen-Bau-Anstalten in Eisen konstruiren zu lassen – deren höhere Erbauungskosten durch die längere Dauer und geringere Reparaturkosten kompensirt werden –; und einige hölzerne Schaluppen an Meister zu verdingen, von denen weiter nichts bekannt, als daß sie zur Praxis verstattet waren, und für die Handels-Marine gebaut hatten.
Gleichwohl sind, wie alle eisernen Fahrzeuge, so auch die hölzernen, mit wenigen Ausnahmen sehr gut gebaut worden, und diesen Ausnahmen gerade stand meistens der Vortheil zur Seite, daß die betreffenden Boote rechtzeitig fertig wurden, während, hinsichtlich der am besten gebauten Schaluppen der gute Willen nicht hinreichte, die festgesetzten Zeitfristen der Vollendung und Ablieferung überall einzuhalten.
Mit der Kündigung des Malmöer Waffen-Stillstandes trat die unerläßliche Nothwendigkeit ein, das vorbereitete Marine-Material soweit als möglich zu bemannen und in Dienst zu stellen.
Die Kommunikation mit dem Reichs-Ministerium hatte sich schon in der letzt vorangegangenen Zeit nur auf die wiederholten Forderungen des letzteren um weitere Geld-Einzahlungen von der 2ten Rate des Matrikular-Beitrags beschränkt, die entschieden abgelehnt werden mußten, da – außer den Armirungskosten von Dampfschiffen und den Miethen für Bugsir-Dämpfer und Transport-Fahrzeuge – die bevorstehende Absorbirung des ganzen Betrages der 2ten Preußischen Matrikular-Rate für den direkten Schutz der diesseitien Küsten während der Kriegszeit voraussehen ließ.
Eine Uebernahme der in Preußen beschafften Marine für die Reichs-Marine hat noch nicht stattgefunden.
Eine allgemeine Anerkennung der Deutschen Flagge ist von der bisherigen provisorischen Centralgewalt noch nicht erwirkt worden; ein Anerbieten der letzteren zu irgend einer Unterstützung der Anstrengungen Preußens bei dem Schutze der eigenen Küsten, mit dem in der Nordsee

beschafften Marine-Material oder Personal, erfolgte nicht. Es blieb daher nur übrig, den in Preußen beschafften und armirten Fahrzeugen die Preußische Flagge zu geben und sich zu helfen, so gut man konnte. Demnach wurde mit dem Eintritt der Kündigung des Malmöer Waffenstillstandes die Verstärkung der Armirung der Korvette *Amazone* und die Augmentirung ihrer Bemannung bis auf die Kriegsstärke, imgleichen die Armirung der Post-Dampfschiffe *Preußischer Adler* und *Elisabeth*, so wie des gemietheten Privat-Dampfschiffs *Danzig* angeordnet. In Stelle der fehlenden Marine-Soldaten für die größeren Fahrzeuge wurden Infanterie-Kommandos gestellt. Es wurden noch mehrere geeignet erachtete Handels-Schiffs-Capitaine und Steuerleute zum freiwilligen, vorübergehenden Eintritt als Auxiliair- oder Hülfs-Offiziere in die Kriegs-Marine aufgefordert, einige derselben zu Marine-Offizieren befördert. Es erging ein Aufruf an die Seeleute Preußens zum freiwilligen Eintritt als Matrosen in die Marine auf Dauerzeit des Krieges. Was demnächst unter Zurechnung des vorjährigen Stammes noch an Mannschaft fehlte, wurde durch Aushebung dienstpflichtiger Seeleute gedeckt. Die Kanonenschaluppen wurden, sowie sie nach und nach fertig wurden, in Stettin ausgerüstet, armirt, bemannt und sektionsweise nach den verschiedenen Stations-Orten entsendet. Bugsir-Dampfboote und einige Transportschiffe für den Dienst der in 4 Divisionen organisirten Küsten-Flottille wurden gemiethet und den schlagfertigen Divisionen der letztern überwiesen. Aller Anstrenungen ungeachtet war es nicht möglich geworden, zur Zeit der Eröffnung der Feindseligkeiten mehr als die *Amazone*, den *Danzig* und eine Division der Küsten-Flottille in schlagfertigen Stand zu setzen. Nach und nach kamen erst der *Preußische Adler*, die *Elisabeth* und die 2te und 3te Division der Küsten-Flottille hinzu. Auch von Unfällen wurde das an sich so geringe Geschwader nicht verschont. Die *Elisabeth* und der *Danzig* stießen im Greifswalder Bodden auf Steine und wurden dergestalt beschädigt, daß nur der *Danzig* im Dienst verbleiben konnte. Beide Schiffe hatten ihre bisherigen Führer, so wie auch den Lootsen an Bord, als sie den Unfall erlitten, dessen Untersuchung ergeben hat, daß Niemand von der Schuld der Fahrlässigkeit betroffen wird.
Im letzten Drittheil des Monats Juli d. J., gegen die Zeit des Waffenstillstands-Abschlusses, befanden sich, armirt und bemannt, dem Feinde gegenüber, unter dem Befehle des Kommodore Schröder:

Die Segel-Korvette *Amazone* (4 kurze 24pfünder, 8 leichte 18pfünder) mit	3 Marine- 1 Auxiliair- 1 Art. Offiz.	5 Offiz.	90 Mann	in Swinemünde
Das Dampfschiff *Preußischer Adler* (zwei 25pfündige Bomben-Kanonen, 2 mitt. 32pfünder) mit (in Reparatur der im Gefecht bei Brüsterort erhaltenen Beschädigungen.)	2 Marine- 2 Auxiliair- 1 Art. Offiz.	5 Offiz.	82 Mann	in Swinemünde
Das Dampfschiff *Danzig* (1 kurzer 24pfünder, 2 leichte Karnonaden) mit	1 Marine- 1 Auxiliair- 1 Art. Offiz.	3 Offiz.	31 Mann	bei Lauterbach, Barhöft, Zickerbucht und West-Dievenow
Die erste Küsten-Flottillen-Division 9 Kanonenschaluppen u. 4 Kanonenjollen (zwölf 25pfündige Bomben-Kanonen, 10 lange 24pfünder) mit	11 Auxiliair- 1 Art. Offiz.	12 Offiz.	587 Mann	bei Lauterbach, Barhöft Zickerbucht und West-Dievenow
Die zweite Küsten-Flottillen-Division 9 Kanonenschaluppen u. 1 Transportschiff (neun 25pfündige Bomben-Kanonen, 9 lange 24pfünder) mit	9 Auxiliair- Offiz.	9 Offiz.	532 Mann	in Swinemünde
Die dritte Küsten-Flottillen-Division 1ste Sektion m. 3 Kanonenschaluppen (drei 25pfündige Bomben-Kanonen, 3 lange 24pfünder) mit	3Auxiliar- Offiz.	3 Offiz.	179 Mann	in Swinemünde
detaschirt 2 Kanonenjollen (zwei 25pfündige Bomben-Kanonen) mit			20 Mann	in Danzig

in Summa schlagfertig gegen den Feind: 1 Segel-Korvette mit 2 Dampfschiffe mit 21 Kanonenschaluppen mit 6 Kanonenjollen mit	67 Geschützen	37 Offizieren (incl. 4 Art. Offiz.)	1 521 Mann
In der Formation begriffen: 2te Sektion der 3ten Küsten-Flottillen-Division; 3te Sektion der 3ten Küsten-Flottillen-Division; 6 Kanonenschaluppen mit	12 Geschützen	8 Offizieren (incl. 2 Art. Offiz.)	133 Mann in Stettin
Depot-Sektion und Stamm zur Formation der 4ten Küsten-Flottillen-Division von 9 Kanonenschaluppen mit (mit 1 Transportschiff)	18 Geschützen	3 Offizieren (incl. 2 Ing.-Offiz.)	99 Mann in Stettin

Summa Summarum:
3 größere Fahrzeuge, 36 Schaluppen, 6 Jollen; zusammen mit 97 Geschützen, 48 Offiz. u. 1 753 Mann (incl. 8 kommandirter Artillerie- u. Ingenieur-Offiziere)

Nach Ratifikation des Waffenstillstandes mit Dänemark, im Anfange des Monats August c. wurde der *Preußische Adler* vorläufig an die Postverwaltung zurückgestellt, das Dampfschiff *Danzig* und die Transportschiffe nebst einigen Bugsir-Dampfbooten ihren Eigenthümern zurückgegeben. Von den kommandirten Offizieren der Artillerie und des Ingenieur-Corps sind 2 zu ihren Corps zurückgekehrt. Von den Auxiliair-Offizieren sind 2 entlassen, 14 auf unbestimmte Zeit (ohne Gehalt) beurlaubt; der Mannschafts-Bestand ist bis auf circa 650 Köpfe durch Entlassung reducirt.
Ueber die Formation der Friedensstärke der Bemannung, als Stamm der Kriegsstärke der letztern, ist der Etat pro 1850 bearbeitet und vorgelegt. Es sind danach in materieller Beziehung zur Einstellung in die Reichs-Marine verblieben, nächst der Segel-Korvette *Amazone* (und event. des *Preußischen Adlers*) 36 Kanonen-Schaluppen und 6 Kanonenjollen, vollständig ausgerüstet mit allem Inventarium, vollständig armirt nebst Geschütz-Zubehör, und an Munition 100 Schuß pro Geschütz. Außerdem: die Geschütz-Armirung nebst Zubehör und Munition für die Dampfschiffe – *Adler, Elisabeth* und *Danzig* – und die Bekleidung für die gesammte Kriegsstärke der Bemannung.
Die *Amazone* wird in Stettin oder in Danzig in das Winterlager gebracht werden; von den Jollen sind 2 in Danzig aufgehoben, die andern 4 Jollen und 27 Kanonenschaluppen müssen (in Ermangelung des nöthigen Etablissements für die gesammte Küstenflottille) im Kronhafen zu Stralsund, und 9 Kanonenschaluppen in der Oder bei Stettin im Wasser überwintern. Das Inventarium und die Ausrüstungs-Gegenstände werden in zeitweilig disponiblen Festungs-Lokalien, in gemietheten Räumen, oder erbauten provisorischen Schuppen untergebracht.
Die Stamm-Mannschaft wird über Winter einquartirt oder kasernirt werden.
Die gesammten für das Materielle wie für das Personelle aus Staatsfonds aufgewendeten oder bis ultimo dieses Jahres approximativ noch aufzuwendenden Kosten, welche nach diesfalls aufzustellender Liquidation auf die 2te Matrikular-Rate Preußens für die Deutsche Marine in Anrechnung zu bringen sind, werden sich belaufen auf circa

807,132 Rthlr.

Hierzu kommen noch bei der Uebergabe an
die Reichs-Marine:
der Taxwerth der in früherer Zeit beschafften

2 Kanonenjollen nebst Ausrüstung circa	9,600 Rthlr.
der Taxwerth der Korvette *Amazone* mit Zubehör circa	45,000 Rthlr.
Die Kosten der bisher leihweise aus den königlichen Zeughäusern hergegebenen Handwaffen circa	40,000 Rthlr.
In Summa circa	901,732 Rthlr.
Mithin gegen den Betrag der 2ten Matrikular-Rate Preußens von circa	903,250 Rthlr.
zwar weniger circa	1,518 Rthlr.
jedoch:	
noch abgesehen von dem Geldwerthe der bis dato bereits angekauften Schiffs-Bauhölzer circa	70,745 Rthlr.
und der event. Mit-Uebergabe des Dampfschiffes *Preußischer Adler* nach dessen approximativen Taxwerthe von circa	280,000 Rthlr.

Es drängt sich zum Schlusse die Erörterung der nahe liegenden Frage auf:

welchen Nutzen haben die vorgedachten in Preußen beschafften maritimen Streitmittel in dem Kriege gegen Dänemark für Preußen gehabt?

Es liegt auf der Hand, daß diese maritimen Mittel, binnen Frist Eines Jahres – von Sommer 1848 bis dahin 1849 – materiell und personell von Grund aus neugeschaffen, resp. qualitativ nicht geeignet seien und quantitativ nicht genügen konnten, weder Preußens Seehandel auf offenem Meere frei zu erhalten noch dessen Küstenschiffahrt überall zu sichern, und den Küstenschutz von der Memel bis zum Dars zu übernehmen. Ersteres würde eine Flotte bedingt haben, zahlreich genug an großen Schiffen, den Sund oder die Belte zu forciren; letzteres wenigstens eine doppelte Anzahl von Kanonenschaluppen und eine dreifache Anzahl leichter, aber schneller und mit Geschützen schwersten Kalibers armirbarer Dampfschiffe.

Die Küsten der östlichen Provinzen, wegen ihrer größeren Entfernung vom Kriegsschauplatz und ihrer Beschaffenheit an und für sich, von Landungen weniger bedroht, und in ihren Häfen und Einfahrten aus der See in die Binnen-Gewässer zureichender durch die Festungen und Befestigungen gegen das Einlaufen feindlicher Fahrzeuge gesichert, konnten, in Rücksicht der quantitativ unzureichenden maritimen Mittel, bei Sta-

tionirung der letztern nicht bedacht werden. Die Oder-Mündungen und die Küsten von Rügen, (Swinemünde ausgenommen) weniger fortifikatorisch geschützt und Landungen zugänglicher; überdem mit ihren Binnen-Gewässern und Buchten den geeignetsten Tummelplatz für die Küstenflottille bildend, wurden daher zu deren Stationsorten gewählt.
Bei der Blokade der Preußischen Häfen im Jahre 1848 lagen dänische Kriegsschiffe, hart am Bereiche der Geschützwirkung der Küstenbatterien, Monate lang fest vor Anker; sie versperrten die Ausfahrt im eigentlichen Sinne des Worts; versammelten um sich herum, in großer Anzahl, die den Hafen ansegelnden Handelsschiffe, um sie sodann gemeinsam, nach Kopenhagen aufzubringen; sie beunruhigten, durch ausgesetzte Boote, selbst die Fischernachen in den Binnen-Gewässern. Bei der Blokade in diesem Jahre ankerten die dänischen Schiffe nur selten und in großen Entfernungen von der Küste; wochenlang waren vor einzelnen Häfen keine Blokadeschiffe zu sehen. Viele Handelsschiffe liefen noch ein und aus, nachdem die Blokade schon erklärt worden; die Küstenschiffahrt ist ziemlich lebhaft geblieben.
Es besteht kein Zweifel darüber, daß der wesentliche Unterschied zwischen der Art und Weise der Ausübung der Blokade der Ostseehäfen, im vorigen und in diesem Jahre, in den vorhanden gewesenen diesseitigen armirten Fahrzeugen mit seinen Grund gehabt hat.
Mit Ausnahme des – *Preußischen Adlers,* – des einzigen vorhandenen tauglichen Schiffes zum Kreuzen auf offenem Meere – der ein Gefecht auf der Höhe von Brüsterort mit der Dänischen Brig *St. Croix* bestanden, haben Fahrzeuge der Küstenflottille, abgesehen von einzelnen Schüssen gegen nahende Dänische Kreuzer, keine Gelegenheit gefunden, zu offensiven Operationen mit einigen Chancen auf günstigen Erfolg – eben weil die feindlichen Schiffe sich in übergroßer Entfernung hielten und weil leider der Sommer dieses Jahres für die Jahreszeit ausnahmsweise selten Windstille brachte.
In Sicht des Hafens von Swinemünde haben dänische Kreuzer kurz vor dem eintretenden Waffenstillstand einige Küstenfahrer aufgebracht.
Die öffentliche Meinung hat dem Kommando der fraglichen Marine-Station den Vorwurf gemacht, diesem Akt unthätig zugesehen zu haben. Das Urtheil hierüber wird bis zum Austrag der eingeleiteten Untersuchung vorbehalten bleiben müssen.
Berlin, im Oktober 1849,

Das Kriegs-Ministerium

1. Die Deutsche Flotte vor Bremerhaven um 1850
v. l. n. r.: *Deutschland, Hamburg, Bremen, Lübeck, Barbarossa, Ernst August, Hansa*

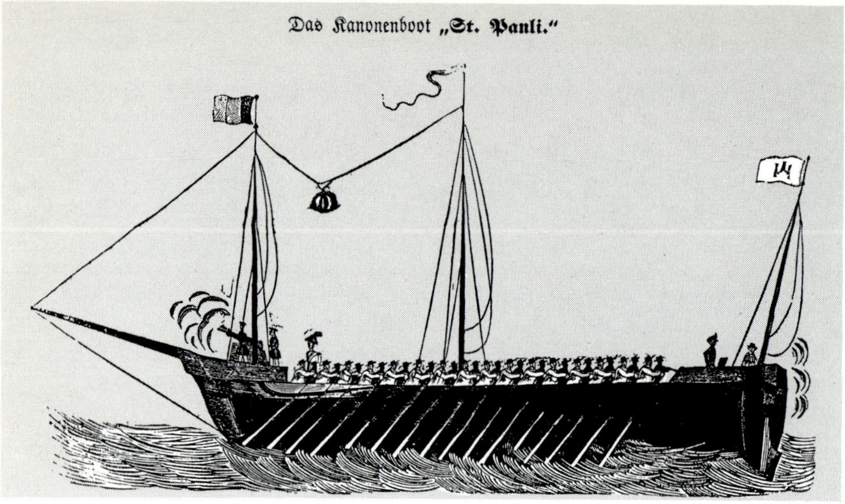

2. Ruderkanonenboot Nr. 27
erbaut 1848 auf der Werft Joh. Marbs, Hamburg-St. Pauli

3. Die »Hamburger Flottille« auf der Elbe bei Hamburg im August 1848
v. l. n. r.: *Lübeck, Bremen, Deutschland, Franklin, Hamburg*

4. Fregatte *Princess Louise* der Kgl. Preußischen Seehandlung

5. Fregatte *Mercur* der Kgl. Preußischen Seehandlung

6. Preußische Segelkorvette *Amazone*

Barbarossa *Erzherzog Johann* *Ernst August* *Frankfurt*

7./8. Die Reichsflotte auf der Unter-Weser um 1850

Großherzog von Oldenburg *Hansa* *Bremen* *Lübeck* *Hamburg*

9. Ende des Gefechts schlesw.-holst. Strandbatterien mit dänischen Schiffen bei Eckernförde 5. April 1849

10. Dänische Fregatte *Gefion*, 1849-1852 als *Eckernförde* in der Reichsflotte, dann preußisch *Gefion*

11. Radfregatte *Erzherzog Johann* im Trockendock Brake

12. Radkorvette *Großherzog von Oldenburg* (Bauname *Inca*)

13. Radkorvette *Frankfurt* (Bauname *Cacique*)

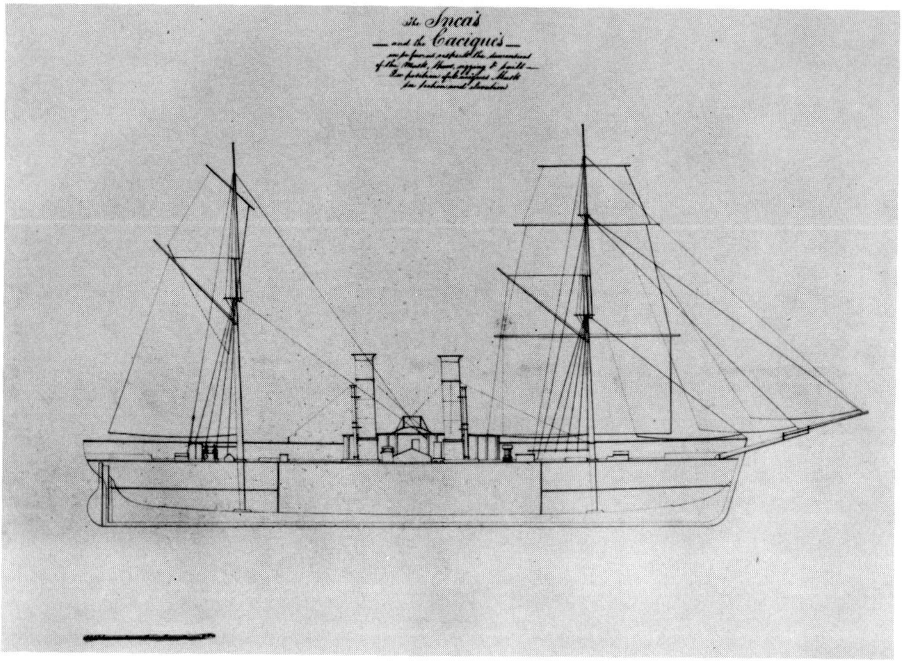

14. Werftrisse der Korvetten *Inca* und *Cacique* (nur 1 Schornstein)

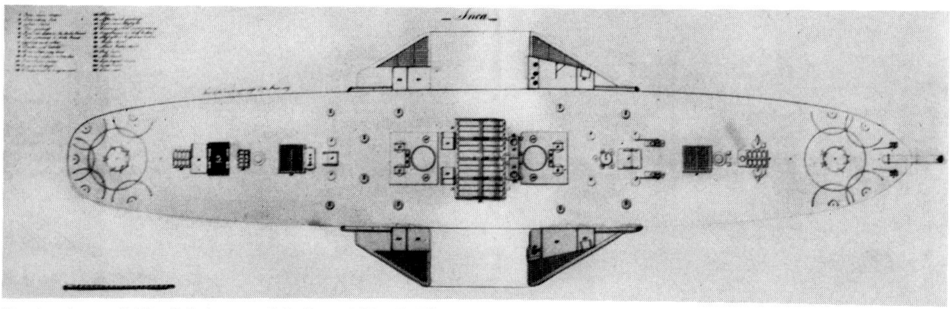

Decksplan mit Radkästen und 2 Geschützplattformen △

Querschnitt mit Schema der Innenversteifung des Rumpfes ▽

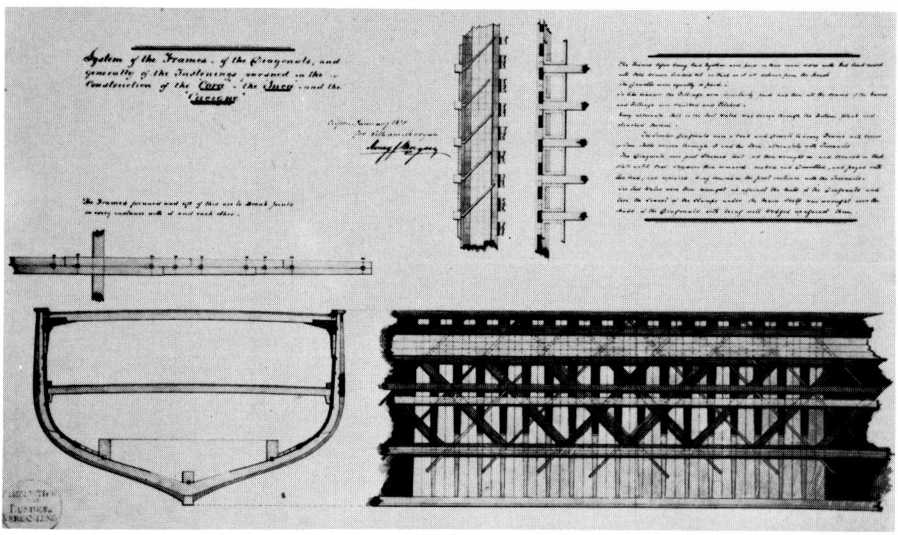

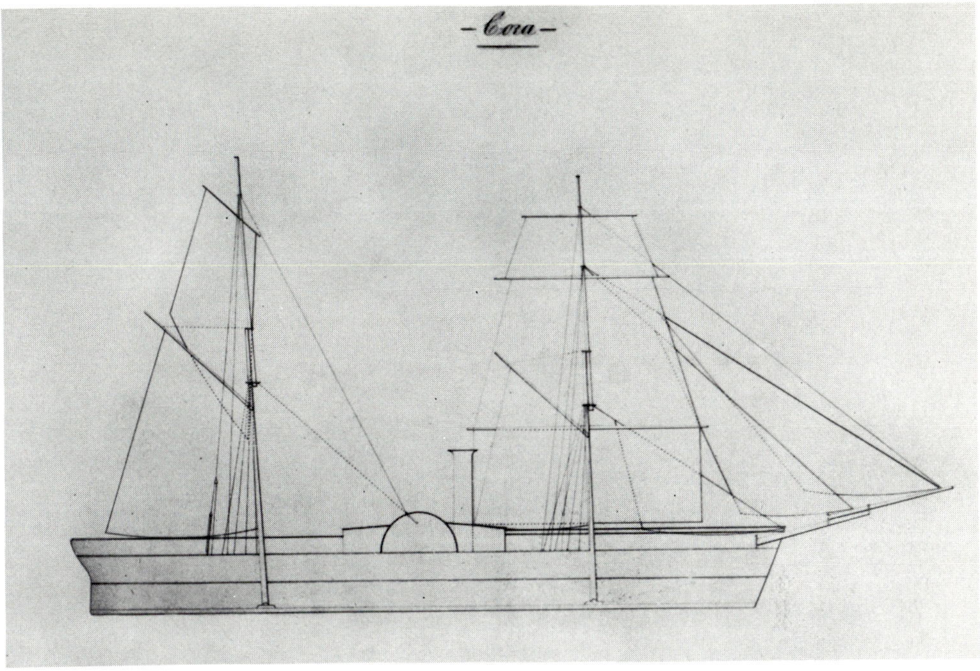

15. Werftriß der Korvette *Cora* (= *Ernst August*)

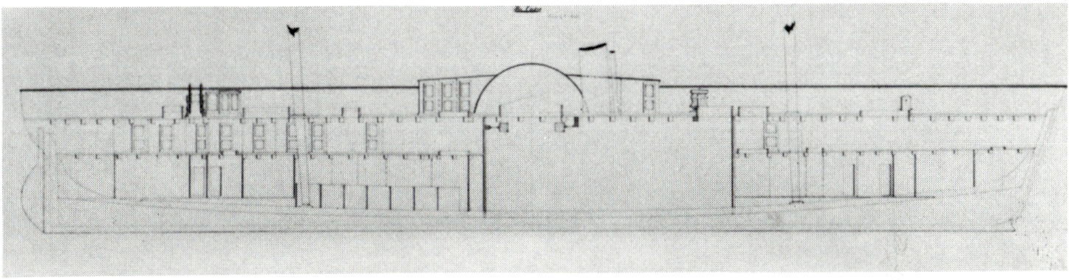

Längsschnitt mit Inneneinteilung

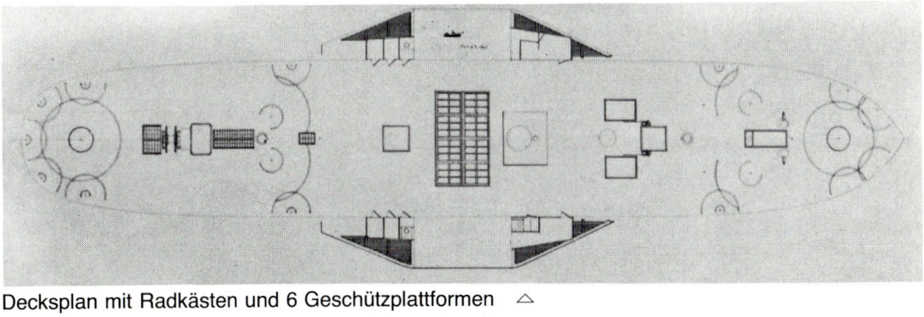

Decksplan mit Radkästen und 6 Geschützplattformen △

Längsschnitt mit Innenversteifung des Holzrumpfes ▽

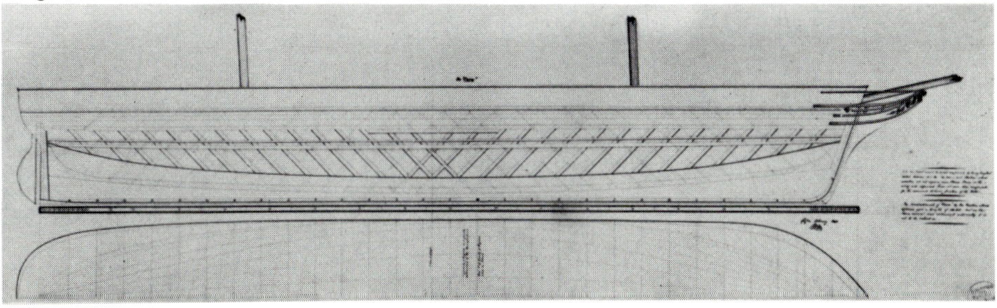

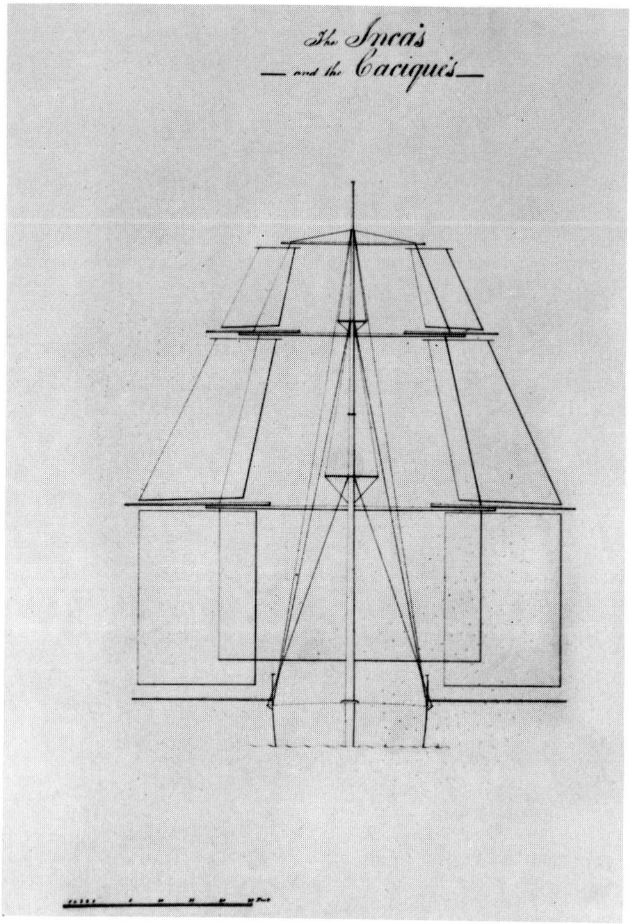

◁
16. Takelriß zu *Großherzog v. Oldenburg* und *Frankfurt*, Vorderansicht

Takelung der Beiboote der obengenannten Dampfschiffe
▽

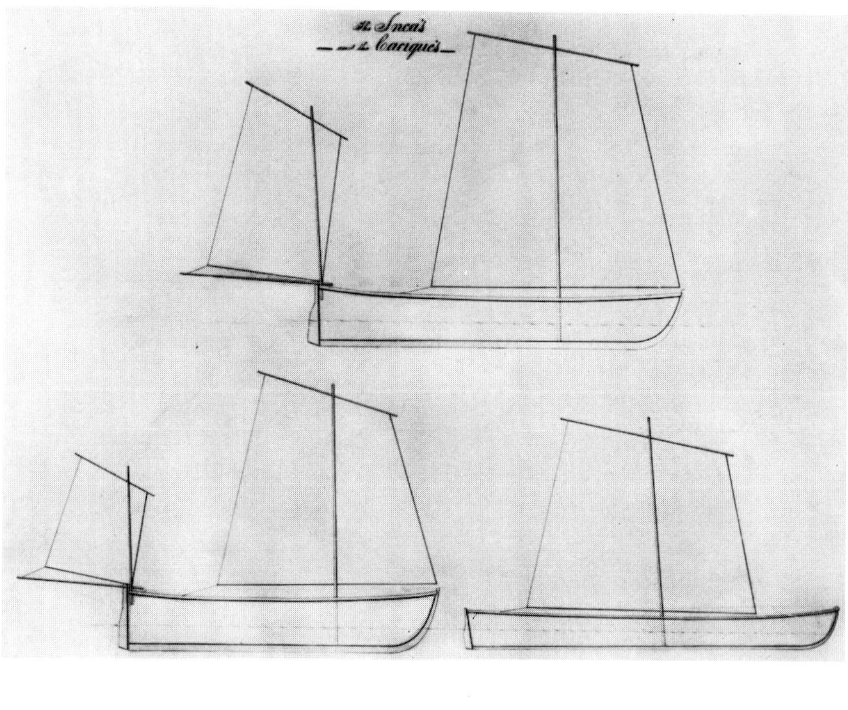

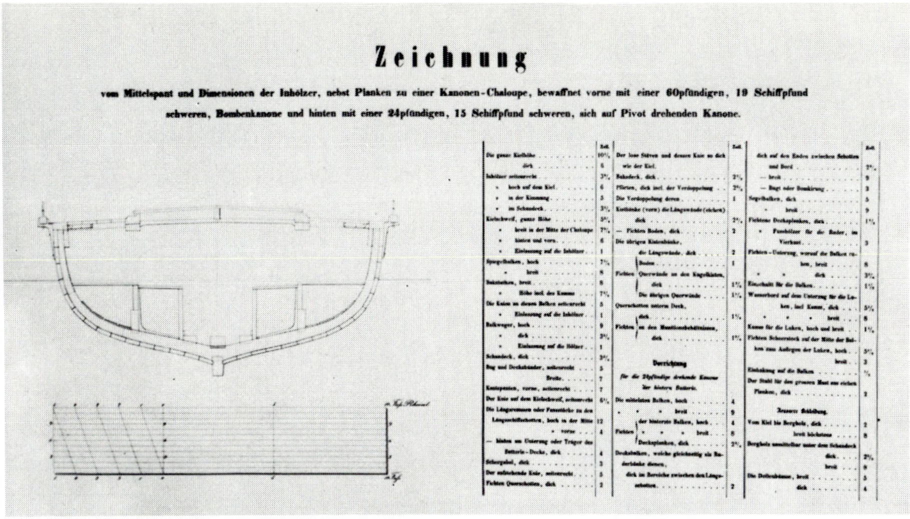

17. Mittelspant-Querschnitt, Seiten- und Decks-Risse einer Kanonen-Ruderschaluppe für 2 Geschütze, dänischer Typ

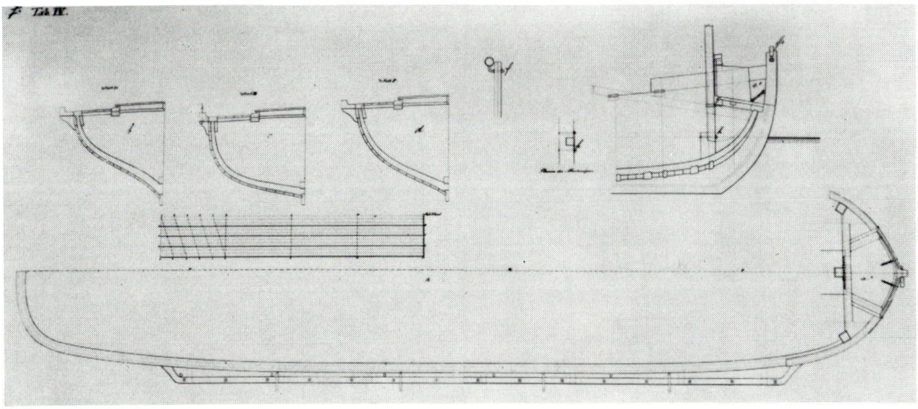

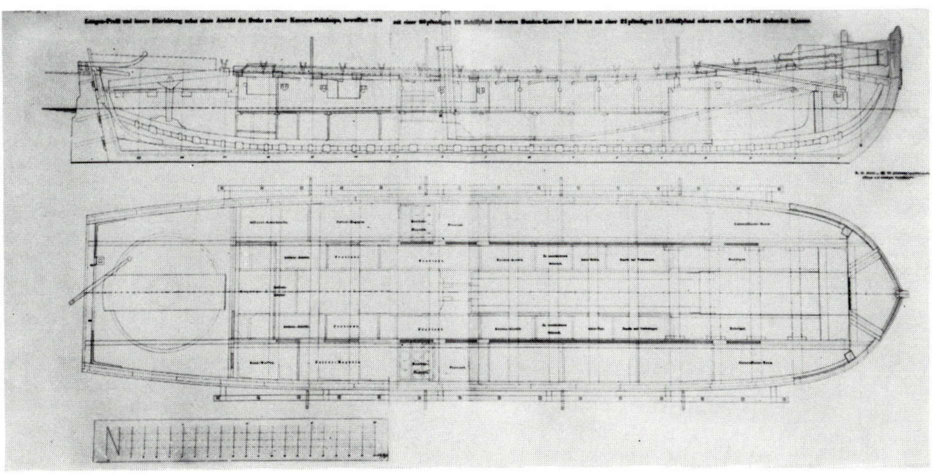

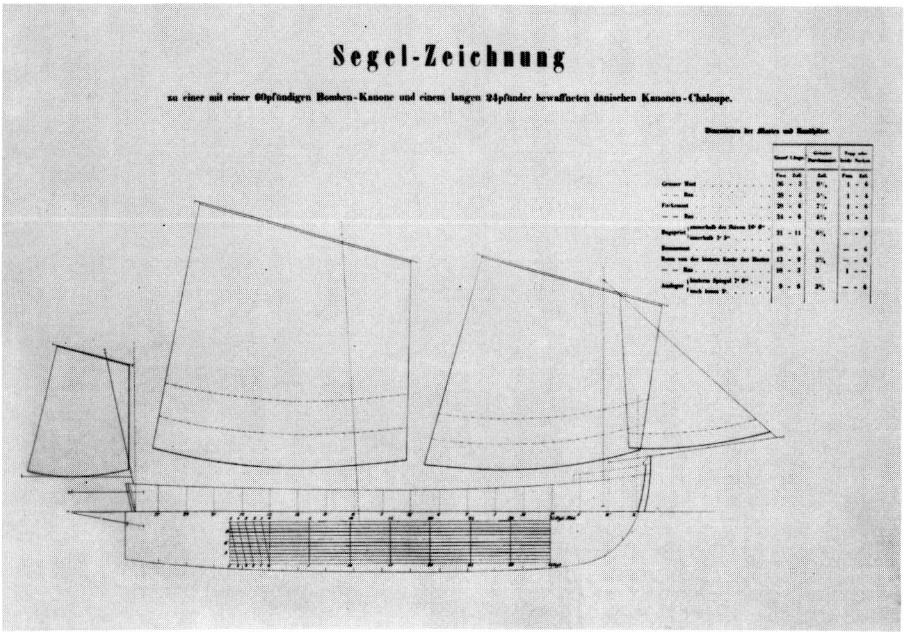

18. Takelung einer Kanonen-Ruderschaluppe dänischen Typs

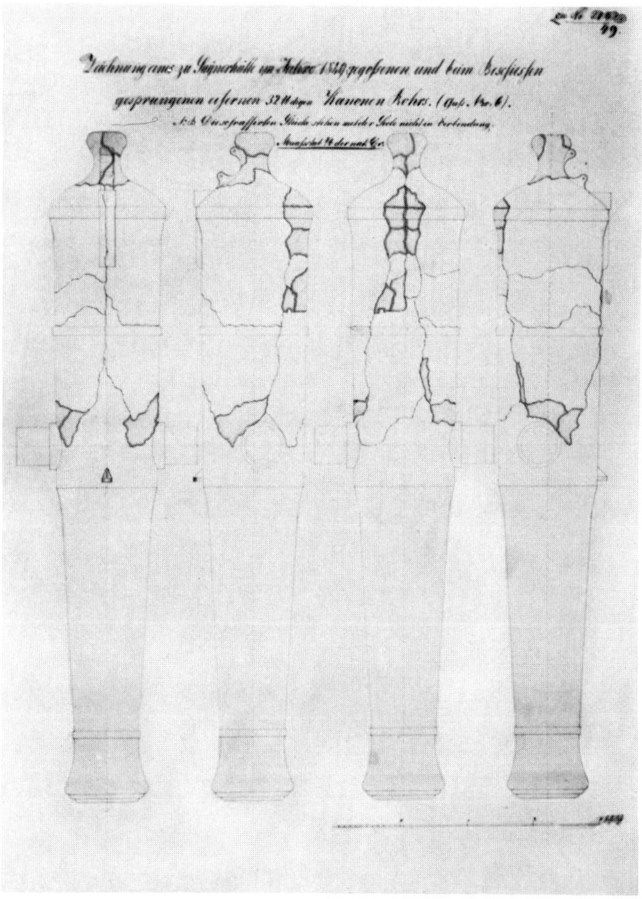

19. Zeichnung eines zu Saynerhütte 1849 gegossenen und beim Anschießen gesprungenen 32-pfündigen Kanonenrohrs (Geschütztyp der Radkorvetten der Hamburger Flottille)

Radkorvetten
nen (links) und
burg

Radkorvette
ck

Radkorvette
Königliche
t August (Bau-
e: *Cora*)

23. Radfregatte *Hansa*, seit 18. März 1850 Flaggschiff

24. Seegefecht bei Helgoland am 4. Juni 1849. Links: Dänische Fregatte *Valkyrien*, Mitte: *Barbarossa*, rechts: *Hamburg*

25. Radfregatte *Barbarossa*, 1849 bis 1850 Flaggschiff.

26. Modell der Radfregatte *Barbarossa* im Museum für Meereskunde, früher Berlin

27. Teile der Reichsflotte vor Bremerhaven 1849

Hansa *Deutschland* *Hamburg* *Barbarossa*

Löwe *v. d. Tann* *Kiel* *Elbe* *Bonin m. Ruderkanonenbooten* *Marinewerft* *Tümn*

28. Die Schleswig-Holsteinische Flottille im Kieler Hafen 1850

29. Schlesw.-Holst. Schrauben-Kanonenboot *von der Tann*, Zustand 1848

30. Kanonenboot *v. d. Tann* nach einem Modell der Dt. Seewarte Hamburg gez. von L. Arenhold 1890

31. Teile der Deutschen Flotte vor Brake Herbst 1849: *Hansa, Barbarossa, Deutschland, Ernst-August* ▽

32. Uniformen auf *Amazone* 1844: links Kapitän, rechts Seconde-Lieutenant

33. Marine-Uniformen 1850–1854 rechts: Seekadett I. Kl., links II. Kl.

34. Deutscher Matrose auf der *Gefion* 1849

35. Porträt-Silhouetten von Seejunkern der Reichsflotte Herbst 1850

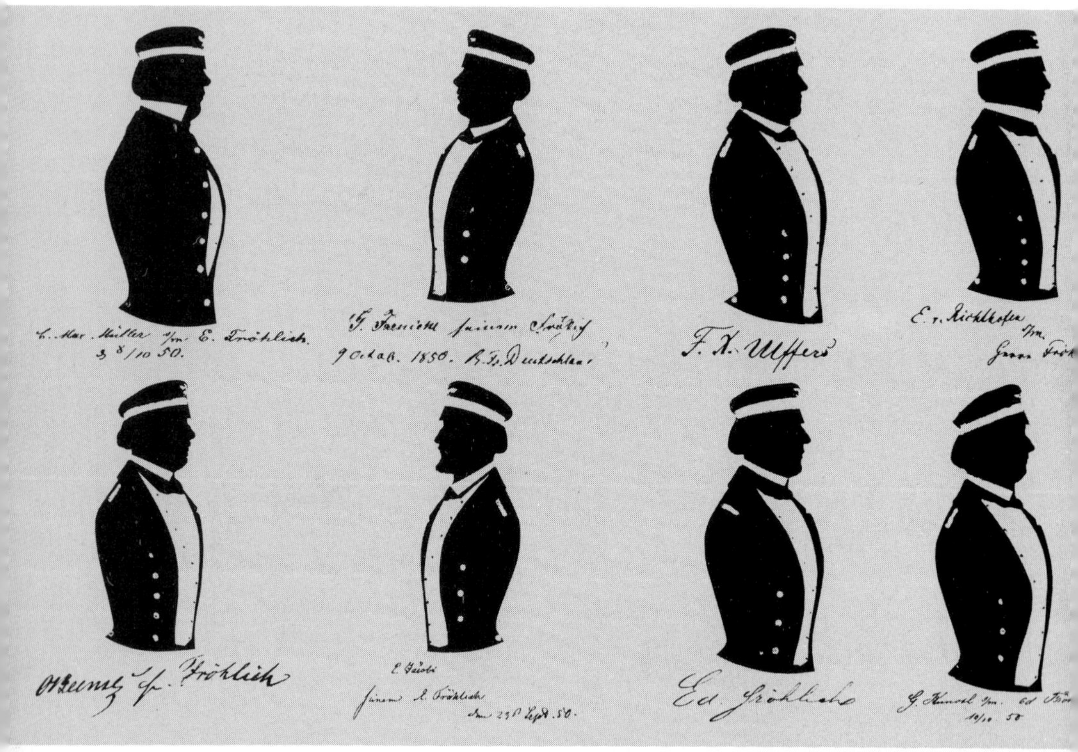

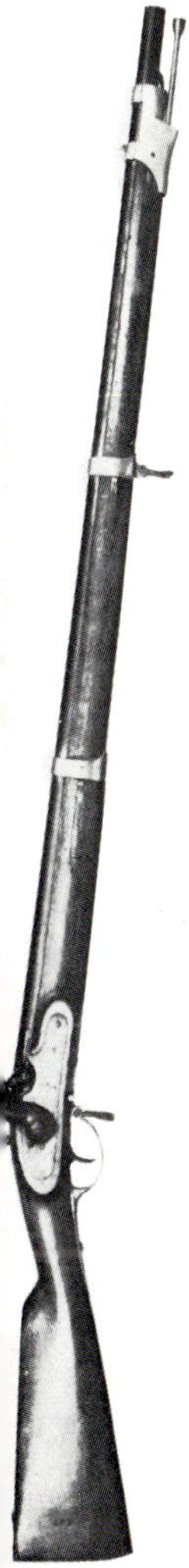

37. Brommys Uniform und persönliche Utensilien im Schifffahrtsmuseum Brake

38. Pikeneisen der deutschen Enterpike Modell 1849

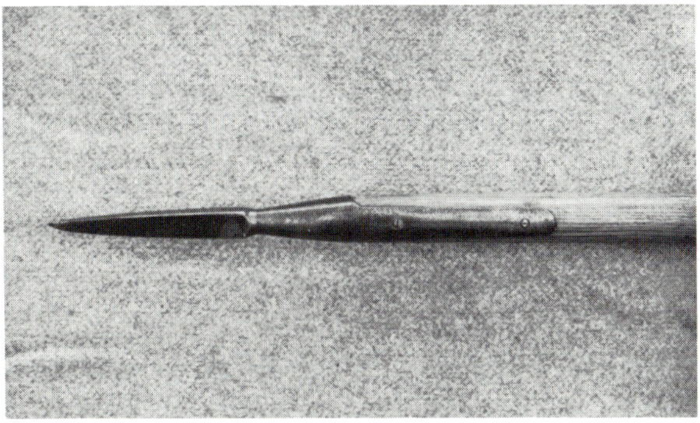

36. Marine-Gewehr M/1848

39. Enterbeil M/1849 der Fregatte *Hansa*

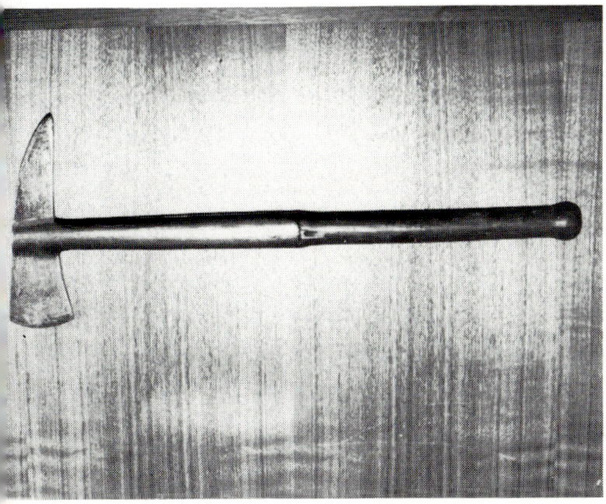

40. Marinepistole M/1849, schloßseitig

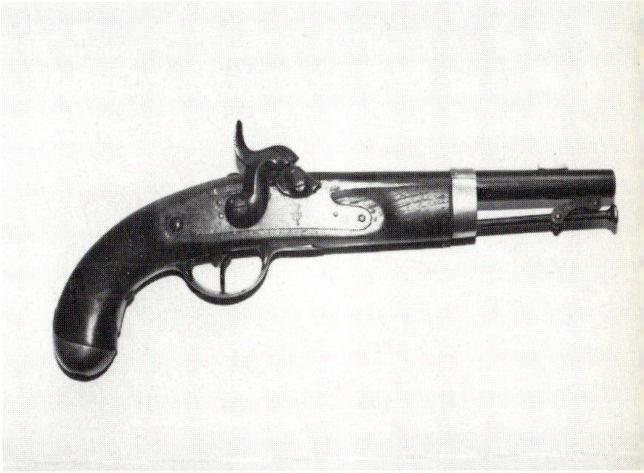

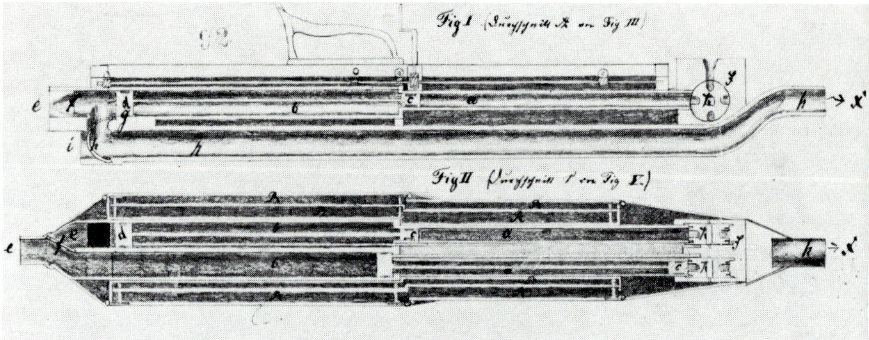

41. Entwürfe zum ersten deutschen Unterseeboot 1848 des Reg. Geometers Gustav Winkler aus Halberstadt

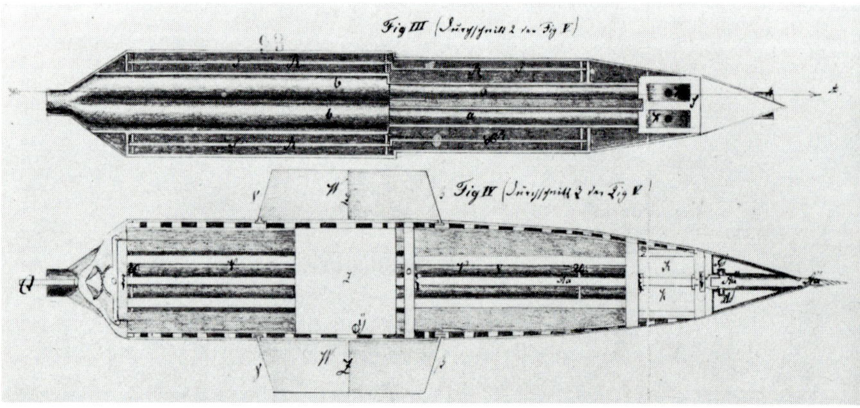

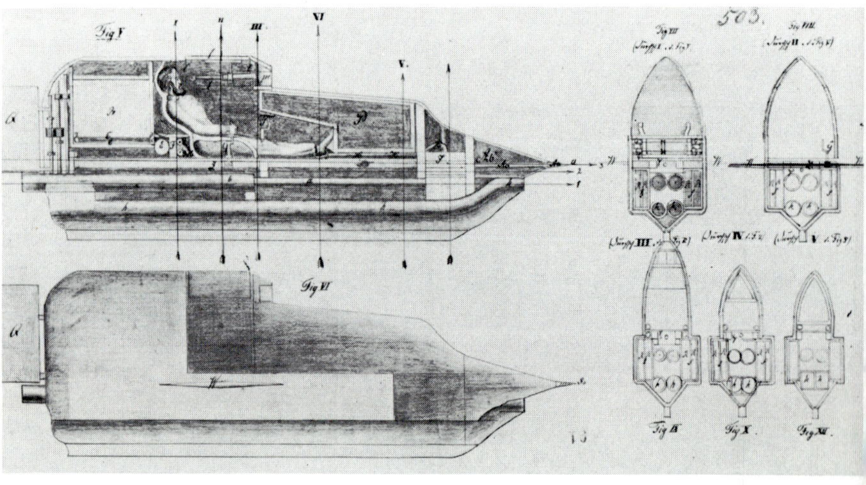

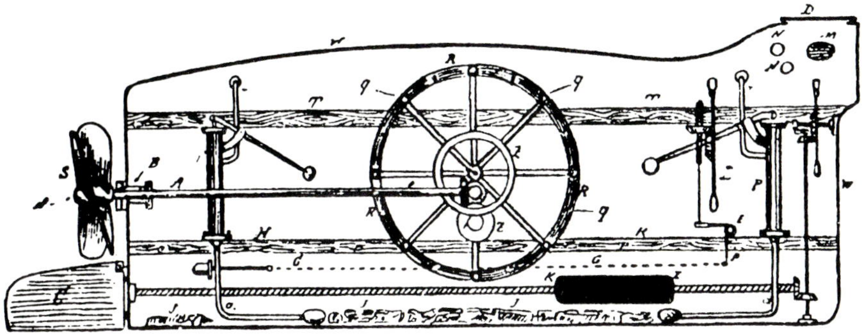

Fig. 1.

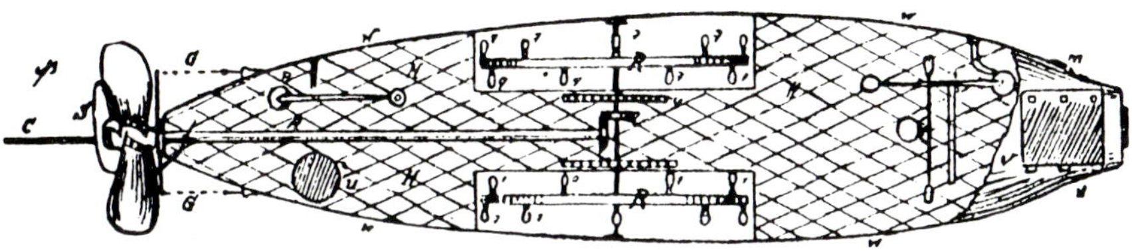

Fig. 2.

42. Konstruktions-Zeichnungen von Wilhelm Bauers *Brandtaucher* 1850

43. Das erste in Kiel erbaute Unterseeboot 1850.
Museum für Meereskunde Berlin, jetzt Armee-Museum Dresden

44. Radfregatte *Hansa* vor Bremerhaven

45. Fregatten *Deutschland, Hansa, Großherzog von Oldenburg* auf der Außenweser

46. Die Fregatten *Franklin* und *Hansa*
Weiß gehöhte Kreidezeichnungen von Hanswilly Bernartz 1979

47. Konter-Admiral Karl Rudolf Bromme, gen. Brommy

48. Admiral Prinz Adalbert von Preußen

49. Vizeadmiral Jan Schröder

50. Carl Gustav Clodius, Auxiliar-Offizier, mit Familie 1849

51. Seejunker Karl Groß aus Brake